Kant · Abram Fedorovič Ioffe

1 Abram Fedorovič Ioffe (29.10.1880–14.10.1960) im Jahre 1940

Biographien
hervorragender Naturwissenschaftler,
Techniker und Mediziner Band 96

Abram Fedorovič Ioffe

Vater der sowjetischen Physik

Dr. Horst Kant, Berlin

Mit 20 Abbildungen

LEIPZIG

Springer Fachmedien Wiesbaden GmbH · 1989

Herausgegeben von
D. Goetz (Potsdam), I. Jahn (Berlin), H. Remane (Halle),
E. Wächtler (Freiberg), H. Wußing (Leipzig)
Verantwortlicher Herausgeber: D. Goetz

Kant, Horst:
Abram Fedorovič Ioffe : Vater d. sowjetischen Physik /
Horst Kant. – 1. Aufl. – Leipzig : BSB Teubner, 1989.
136 S. : mit 20 Abb.
(Biographien hervorragender Naturwissenschaftler,
Techniker und Mediziner ; 96)
NE: GT

ISBN 978-3-322-00386-7 ISBN 978-3-663-11951-7 (eBook)
DOI 10.1007/978-3-663-11951-7

ISSN 0232-3516

Ursprünglich erschienen bei BSB B.G. Teubner Verlagsgesellschaft, Leipzig, 1989
1. Auflage
VLN 294-375/81/89 · LSV 1108
Lektor: Dr. Hans Dietrich
Gesamtherstellung: INTERDRUCK Graphischer Großbetrieb Leipzig,
Betrieb der ausgezeichneten Qualitätsarbeit, III/18/97
Bestell-Nr. 666 378 2

00680

Vorwort

Abram Fedorovič Ioffe wird häufig als „Vater der sowjetischen Physik“ bezeichnet, manchmal auch als „Vater der Halbleiterphysik“. Diese Ehrenbezeichnung verdankt der weltbekannte Wissenschaftler nicht nur seinen hervorragenden Forschungsleistungen – speziell auf dem Gebiet der Festkörperphysik –, sondern vor allem und zugleich seiner weitsichtigen wissenschaftsorganisatorischen wie wissenschaftsleitenden Arbeit, verbunden mit der Fähigkeit, begabte junge Physiker zu hohen Leistungen anzuspornen und eine wissenschaftliche Schule hoher Effektivität zu entwickeln. Dabei war er einer der ersten Physiker, die – wie der bekannte DDR-Physiker Robert Rompe betonte –

> die uns heute oft selbstverständlich erscheinende wechselseitige Befruchtung der Naturwissenschaft und Technik als für den Fortschritt notwendig erkannten und mit aller Kraft in die Tat umsetzten [122, S. 201].

Ioffe verstand Wissenschaft stets als eine sozial geprägte Tätigkeit, deren Inhalt, Methoden und Organisationsformen nicht allein vom Gegenstand her bestimmt sind, sondern ebenso durch die konkret historischen Bedingungen und sozialen Aufgaben der Epoche, in der sie sich vollzieht. Diese Position kennzeichnete sein gesamtes Handeln und war Grundlage und Ziel auch seiner wissenschaftsstrategischen Ansichten und Tätigkeiten im Verlauf seines wissenschaftlichen und gesellschaftlichen Wirkens.

Vorliegende Biographie versucht in gebotener Kürze die vielfältigen Aspekte des Wirkens von Abram Fedorovič Ioffe schlaglichtartig zu beleuchten. Manches Interessante muß dabei zwangsläufig unberücksichtigt bleiben, und physikalische Zusammenhänge können nur angedeutet werden, wenn die Darstellung für breitere Kreise lesbar bleiben soll. Auf genaue Zitatangaben und ein umfangreiches Literaturverzeichnis wurde dennoch nicht verzichtet, um bei weitergehendem Interesse den Zugang zu erleichtern.

Wissenschaftlerbriefwechsel haben ihre besondere Aussagekraft. Ioffe war kein großer Briefschreiber und hat sich dabei in der Regel auf das Notwendigste beschränkt. Um so interessanter sind die erhalten gebliebenen mehr privaten Briefwechsel mit seiner ersten Frau (z. T. wiedergegeben in [67], aufbewahrt z. T. in der Handschriftenabteilung der Leningrader Öffentlichen Bibliothek, z.T. im Archiv der AdW der UdSSR), mit seinem engsten Freund, dem Physiker Paul Ehrenfest (herausgegeben in [79]), sowie mit dem Arzt János Plesch, den er ebenfalls zu seinen wenigen Freunden zählte (in der Handschriftenabteilung der Staatsbibliothek Preußischer Kulturbesitz Berlin/West). Sie wurden weitestgehend genutzt, da sie in vielen Details aussagekräftiger sind als offizielle Dokumente, wissenschaftliche Abhandlungen oder dgl.

Für Hinweise und Ratschläge bin ich verschiedenen Kollegen zu Dank verpflichtet. Insbesondere fand ich Hilfe in der Materialbeschaffung sowie anregende Gespräche über Abram Fedorovič Ioffe und die Entwicklung der sowjetischen Wissenschaft bei Anna Vasil'evna Ioffe (Leningrad), Viktor Jakovlevič Frenkel' (Leningrad), Nina Jakovlevna Moskovčenko (Leningrad), Vladimir Petrovič Vizgin (Moskau), Ol'ga Viktorovna Kuznecova (Moskau) sowie Bernhard Lange (Berlin). Meiner Frau danke ich für die technischen Arbeiten am Manuskript.

Für die freundliche Genehmigung zur Wiedergabe der Abb. 7, 12 und 15 danke ich Frau A. V. Ioffe sowie des Briefes in Abb. 11 der Staatsbibliothek Preußischer Kulturbesitz Berlin (West).

Das Projekt des Büchleins zog sich länger hin als ursprünglich gedacht – ich bin dem Verlag für das gezeigte Verständnis verbunden.

Berlin, im Sommer 1988 Horst Kant

Inhalt

Kindheit, Schule, Studium 8

Arbeit bei Röntgen 13

Ioffes Wirken im vorrevolutionären Petersburg – Bemühungen um eine „Modernisierung“ der russischen Physik 21

Die ersten Jahre der Sowjetmacht 37

Physik als Grundlage der Technik 51

Gedanken zur Planung und Leitung sowie zum marxistischen Verständnis der Naturwissenschaften – die dreißiger Jahre 67

Mobilisierung der Physik für die Verteidigung – die Zeit des zweiten Weltkrieges 89

Ioffe und die Entwicklung der Halbleiterphysik in der Sowjetunion 96

Weitere Facetten zu einem Persönlichkeitsbild 109

Chronologie 122

Literatur 124

Personenregister 131

Kindheit, Schule, Studium

Romny ist eine ukrainische Kreisstadt an der Mündung des Flusses Romna in die Sula, einen Nebenfluß des Dnepr, früher im Gouvernement Poltava gelegen (heute im Sumskaja Oblast), mit etwa 16000 Einwohnern vor der Jahrhundertwende. Romny war damals ein ländlich-ruhiges Provinzstädtchen mit 12 orthodoxen Kirchen und einer jüdischen Synagoge, unterhielt neben einigen Grundschulen eine Realschule für Jungen, ein Mädchengymnasium und eine geistliche Lehranstalt und besaß ein Krankenhaus. Es war ein für das Gebiet wichtiges Handelszentrum mit vier Banken und Eisenbahnanschluß. Die Industrie steckte noch in den Kinderschuhen; landwirtschaftliche Geräte, Tonwaren und Bauernstiefel waren die wichtigsten Produkte, gefertigt in ca. 35 Betrieben mit etwa 650 Arbeitern. Auch der Tabakanbau war von Bedeutung.

Hier wurde am 29. Oktober 1880 in der Familie eines jüdischen Bankangestellten Abram Fedorovič Ioffe geboren (in Kyrillisch Абрам Федорович Иоффе, Betonung auf der ersten Silbe, im Deutschen und Englischen meist Joffe geschrieben; er selbst schrieb sich, wenn er lateinische Buchstaben verwendete, Joffé – eine Begründung für diesen Akzent ist laut A. V. Ioffe nicht bekannt).[1]

Der Vater Fedor Vasil'evič Ioffe entstammte einer armen Handwerkerfamilie; höhere Bildung war dem aufgeschlossenen, an Kultur und Wissenschaft interessierten Manne versagt, doch konnte er mit einer kaufmännischen Ausbildung Buchhalter in einer Bank werden und gehörte bald zu den angesehenen Leuten des Kleinbürgertums von Romny. Die Mutter Rahel Abramovna Ioffe,

---

[1] Die Daten sind auf den heute üblichen Gregorianischen Kalender bezogen, der in den meisten Ländern im 17./18. Jahrhundert eingeführt wurde. In Rußland galt bis zur Oktoberrevolution der Julianische Kalender – die Einführung der modernen Kalenderrechnung war eine der ersten Maßnahmen der Sowjetmacht (Dekret vom 24. Jan./6. Febr. 1918). Nach alter Kalenderrechnung ist Ioffes Geburtsdatum der 17. Oktober.

geborene Vejnštejn, war eine kluge, belesene und lebensfrohe Hausfrau. In dem gastfreien Hause der Ioffes versammelte man sich an so manchem Abend zu politischen Gesprächen und kultureller Unterhaltung; das Leben im Hause Ioffe war typisch für die fortschrittliche kleinstädtische Intelligenz im vorrevolutionären Rußland. Abram Fedorovič bekam noch vier jüngere Geschwister – Nadežda, Lidija, Zinaida und Petr –, mit denen er aber später keinen sehr engen Kontakt unterhielt.

Mit drei Jahren lernte Abram Fedorovič lesen, mit vier Jahren schreiben. Da es in Romny nur eine Realschule, aber kein Gymnasium für Jungen gab, war der Andrang relativ groß. Doch hatte der noch nicht Achtjährige Glück: „In der Gesellschaft mit Älteren stellte ich mich dem damals schrecklichen Aufnahmeexamen und wurde ohne Schwierigkeiten angenommen. Damit begann das systematische Lernen", notierte er später [17, S. 487]. Im Herbst 1888 bezog er die Schule.

An seine Schulzeit erinnerte sich Ioffe mit gemischten Gefühlen: „... notwendig war das Wissen, nicht das Verstehen" [17, S. 487]. Die Lehrer traten als bürokratische Beamte auf, gegen die sich die Schüler in kameradschaftlicher Eintracht verschworen. Natürlich waren nicht alle Lehrer gleich. Sein künftiges Interesse für die Physik verdankte Ioffe nicht zuletzt seinem Physiklehrer Mileev, der selbst Vorlesungen beim großen Dmitrij Mendeleev gehört hatte. Als Mileev das Licht als Wellenbewegung nach der noch allgemein anerkannten Ätherhypothese behandelte, kamen dem damals zwölfjährigen Ioffe erstmals Zweifel an deren Allgemeingültigkeit. „Man müßte sich irgendeine andere Erklärung ausdenken, und ich beschloß, diese zu suchen ..." [17, S. 488]

Ein biophysikalisches Problem aus dem Naturkundeunterricht sollte ihn ebenfalls nicht mehr loslassen. Wenn man die Farbempfindung dadurch erklären konnte, daß die Nerven im Auge durch Lichtwellen unterschiedlicher Frequenz angeregt werden, wie war es dann mit der Geruchsempfindung?

Zur Erklärung suchte Ioffe hier, angeregt auch durch die Lektüre des populär geschriebenen Buches von John Tyndall über Wärme, eine Analogie zur Wärmestrahlung herzustellen. – „Mit diesen beiden ungelösten Problemen – Lichtwellen ohne Äther und unsichtbare Geruchswellen – verließ ich die Realschule." [109, S. 9]

In bewußten Kontakt mit gesellschaftspolitischen Fragen kam Ioffe erstmals im Elternhaus, als im Jahre 1894/95 die berüchtigte Affäre um den französischen Offizier Alfred Dreyfus nicht nur die französische progressive Öffentlichkeit bewegte. Dabei beschäftigte er sich auch mit den politisch-sozialen und jüdisch-religiösen Hintergründen dieser Affäre, was für die spätere Herausbildung seines politischen Bewußtseins von Bedeutung war. Die Dreyfus-Affäre und ihre Hintergründe wurden von den russischen Intellektuellen überhaupt sehr aufmerksam verfolgt; auch Lenin hat sie ausführlich diskutiert und beispielsweise mit dem verleumderischen Vorgehen gegen die Bolschewiki verglichen [117]. – Die jüdische Religion spielte im Hause Ioffe kaum eine Rolle; Abram Fedorovič hat auch in späteren Jahren zum Judentum keine engeren Beziehungen geknüpft, wie überhaupt religiöse Fragen für ihn offensichtlich völlig uninteressant waren.[1]

Im Sommer 1897 beendete Ioffe die Realschule. In fast allen Fächern erreichte er auf dem Abschlußzeugnis ein „ausgezeichnet", darunter in Mathematik und Physik, aber auch in Deutsch und Geschichte, während er sich in Russisch und Zeichnen mit einem „befriedigend" begnügen mußte. Allzuviele Möglichkeiten zu einem Physikstudium gab es im vorrevolutionären Rußland nicht, und für Ioffe wurden sie noch dadurch eingeschränkt, daß ihm wegen der fehlenden Gymnasialbildung (d. h., insbesondere fehlten ihm die klassischen Sprachen) der Zugang zur Universität verwehrt war. Es blieb nur die Möglichkeit, an einer Technischen Hochschule zu studieren.

Ioffe entschied sich für die russische Hauptstadt St. Petersburg, wo neben der 1819 gegründeten Universität u. a. seit 1828 das von Zar Nikolaus I. begründete Technologische Institut bestand, am heutigen Moskovskij Prospekt zwischen Fontanka und Obvodnyj Kanal gelegen; in diesem Gebäude tagte 1905 der erste Petersburger Sowjet der Arbeiterdeputierten; im gegenüberliegenden Ge-

---

[1] Dabei muß man beachten, daß in Rußland bzw. in der Sowjetunion „jüdisch" als Nationalität verstanden wird, während beispielsweise in Deutschland dabei allein das religiöse Bekenntnis gemeint ist. Ioffe trat in späteren Jahren – wohl im Zusammenhang mit seiner ersten Heirat – zur lutherischen Konfession über. Da aber in der Sowjetunion in amtlichen Dokumenten nicht die Konfession, wohl aber die Nationalität erfaßt wird, blieb er weiterhin jüdischer Nationalität.

bäude des Amtes für Maße und Gewichte wirkte seit 1893 D. I. Mendeleev. Seit 1862 hatte es praktisch den Rang einer Ingenieurschule, galt damals als eine der führenden Lehranstalten Rußlands zur Ausbildung von Ingenieuren für die Industrie – wegen dieser Praxisnähe wurde es von adligen Studenten gemieden, was der bürgerlichen Intelligenz mehr Chancen gab – und besaß eine chemische und eine mechanische Abteilung. Nach bestandener Aufnahmeprüfung konnte Ioffe im Herbst 1897 an der mechanischen Abteilung ein Ingenieurstudium aufnehmen. Der Tod des Vaters im darauffolgenden Jahr machte es Ioffes Mutter allerdings nicht leicht, die Familie zu ernähren und dem ältesten Sohn die Weiterführung des Studiums zu ermöglichen.

Hauptbeschäftigung am Technologischen Institut war Zeichnen und Konstruieren. Vorlesungen besuchte Ioffe kaum, denn sie waren wenig ertragreich, „und nur im Frühjahr, zu Beginn der Examina, erkundigten wir uns, welche Themen im Kurs gelesen wurden" [17, S. 490].

Hinzu kam, daß er wegen Teilnahme an Studentenunruhen, die sich gegen Selbstherrlichkeit und Routine von Lehrkörper und Administration richteten, mehrfach zeitweilig vom Studium ausgeschlossen wurde, so daß er auf das Selbststudium angewiesen war.

Seine Hoffnung, wenigstens eine vernünftige Physikausbildung zu erhalten, zerschlug sich ebenfalls. Zwar hatte die Physikprofessur am Technologischen Institut Nikolaj A. Gesechus inne, ein auf dem Gebiet der Optik, Molekularphysik und physikalischen Gerätetechnik durchaus verdienstvoller Wissenschaftler, der früher Ordinarius an der Universität Tomsk war, und Ivan I. Borgman, Mitbegründer und späterer Direktor des physikalischen Universitätsinstituts, hielt hier Vorlesungen über Elektrizität, doch Gesechus war 1889 nach Petersburg gekommen, weil er aus gesundheitlichen Gründen einen Schonplatz suchte, und studentische Übungen und Laborarbeit gab es für die Studenten in Physik praktisch nicht. So studierte Ioffe Physik hauptsächlich nach dem gerade erschienenen fünfbändigen Lehrbuch des Professors der Petersburger Universität O. D. Chvol'son (das u. a. auch in deutscher Übersetzung herausgegeben wurde). – Erst nach dem Studium lernte Ioffe Gesechus näher kennen und als einen durchaus progressiv-liberalen Wissenschaftler schätzen.

Um seinem Ziel der Erklärung der Geruchsempfindung näher zu kommen, beschäftigte sich Ioffe mit Physiologie. Zunächst befaßte er sich mit dem umfangreichen Physiologie-Lehrbuch von Ludimar Hermann, doch bald besuchte er auch die Kurse des fortschrittlichen Physiologen und Anatomen Petr F. Lesgaft, der in Petersburg das Biologische Laboratorium gegründet hatte, als er aus politischen Gründen von der Kazaner Universität entlassen worden war. Zugleich konnte er im Laboratorium der chemischen Abteilung des Technologischen Instituts einige mikrobiologische Untersuchungen durchführen (u. a. zum Einfluß ultravioletter Strahlung auf Typhusbakterien), doch wegen des regelmäßigen Studiumausschlusses nie zu Ende bringen.
Wichtige Erfahrungen sammelte Ioffe bei den sommerlichen Ingenieurpraktika. So war er im Sommer 1899 beim Bau einer kleinen Eisenbahnbrücke an der Strecke Poltava-Rostov am Don eingesetzt und mußte, da der leitende Ingenieur nicht anwesend war, die Verantwortung übernehmen und selbständig Entscheidungen treffen. Trotz mancher Schwierigkeiten gelang der Brückenbau, und noch im Alter bemerkte Ioffe mit berechtigtem Stolz, daß die Brücke nach wie vor ihren Dienst tue [109, S. 14]. Weitere Praktika leistete er in dem der Marine unterstehenden Kolpinski-Werk (heute Ižorski-Werk) beim Aufbau einer Abteilung für hydraulische Pressen und in den Putilov-Werken. Die Ausbeutung und Willkür, der die Arbeiter ausgesetzt waren, empörten den jungen Ioffe ebenso, wie ihn die Tatsache bedrückte, daß er unter diesen in den russischen Fabriken herrschenden Praktiken der Arbeitsorganisation und der politisch-sozialen Verhältnisse keine Möglichkeit zur schöpferischen Arbeit haben würde, und beide Erfahrungen bestätigten ihn darin, diesen Beruf nicht zu ergreifen.
So legte er zwar im Sommer 1902 die Prüfung als Ingenieur-Technologe erfolgreich ab, suchte aber nach einem Weg, doch noch eine richtige Physikausbildung zu absolvieren. Als einer der besten Experimentalphysiker galt zu jener Zeit Wilhelm Röntgen in München, und Gesechus wie auch Nikolaj Egorov, der ehemalige Präsident des Amtes für Maße und Gewichte, empfahlen Ioffe, dort sein Glück zu versuchen. Vom Militärdienst wurde er freigestellt, und so fuhr er im Dezember 1902 nach München, ausgestattet mit „Geldreserven“ für etwa ein halbes Jahr.

Arbeit bei Röntgen

Röntgen, der durch seine Entdeckung der sogenannten X-Strahlen (Röntgenstrahlen) im November 1895 an der Würzburger Universität schlagartig international bekannt geworden war und 1901 dafür den ersten Physik-Nobelpreis erhalten hatte, wirkte seit 1900 als Ordinarius für Physik an der Ludwig-Maximilians-Universität zu München. Einige bedeutende Physiker hatten schon zu seinen Schülern gezählt.
Die Bayrische Hauptstadt München hatte sich in der zweiten Hälfte des 19. Jahrhunderts zu einem Zentrum von Wissenschaft und Kunst entwickelt. 1840 hatte die 1472 in Ingolstadt gegründete und seit 1826 in München beheimatete Universität unter Ludwig I. ein großes eigenes Gebäude erhalten; daneben bestand seit 1868 das Polytechnikum, die spätere Technische Hochschule. Röntgen trat die Nachfolge des heute kaum noch bekannten Optikers Eugen Lommel an. Was Röntgen in München einbrachte, war der mit seiner Entdeckung verbundene Ruf als wirklich guter Experimentator. Er setzte hier seine Experimente zur Aufklärung der Natur der Röntgenstrahlen fort, nahm frühere Arbeiten zur Kristallphysik wieder auf, aber ein wirklich trächtiges Thema fand der Fünfundfünfzigjährige in München nicht mehr. Neben Röntgen wirkte seit 1893 Leo Graetz als Extraordinarius; wie früher üblich, hielt er als solcher die Vorlesung über theoretische Physik und las außerdem über Elektrizität und ihre Anwendungen. Röntgens Bemühungen verdankte die Münchener Universität die Wiederbesetzung der 1890 für Ludwig Boltzmann geschaffenen ordentlichen Professur für theoretische Physik. Boltzmann war nur vier Jahre geblieben, und seitdem war das theoretische Ordinariat vakant. Röntgen war im Grunde ein Experimentalphysiker konservativer Art: er glaubte nur an experimentell nachweisbare Fakten und war pedantisch genau bei der Versuchsdurchführung. Theoretische Schlußfolgerungen aus seinen Meßergebnissen zu ziehen oder gar theoretische Hypothesen aufzustellen war nicht seine Art. Doch erkannte er den Wert der theoretischen Physik

2 Wilhelm Conrad Röntgen, Ioffes physikalischer Lehrer in München

an, und so setzte er nach vielen Schwierigkeiten 1906 die Berufung Arnold Sommerfelds durch, und mit diesem entwickelte sich München in den folgenden dreißig Jahren zu einem Zentrum der theoretischen Physik. Ab 1909 gab es auch ein Institut für theoretische Physik.

Ioffe traf in München während der Weihnachtstage 1902 ein.

Bereits am nächsten Morgen begab ich mich in die Universität, um Röntgen aufzusuchen, und traf ihn überraschenderweise auch an. Vor allem spürte ich dabei, daß meine Schulkenntnisse in der deutschen Sprache, auf die ich gebaut hatte, völlig unzureichend waren. Ich konnte nicht einmal erklären, was ich wollte. Die zehntägigen Ferien wurden deshalb dem Studium der deutschen Sprache gewidmet. Von morgens bis nachts übersetzte ich ein deutsches Physiklehrbuch. [17, S. 492]

Doch Röntgen hatte sein Anliegen, vor allem das physikalische Experimentieren zu erlernen, verstanden. Zunächst forderte er ihn auf, die etwa 60 Versuche des Physikalischen Studentenpraktikums abzuarbeiten. Ioffe erledigte das in einem guten Monat. Nebenbei vervollkommnete er noch sein Deutsch weiter, und später beherrschte er es ausgezeichnet.

Der Eifer und die Genauigkeit, mit der Ioffe die Praktikumsaufgaben abarbeitete, beeindruckten Röntgen. Als nächstes beauftragte er ihn deshalb, eine neue, von Paul Drude angegebene Meßmethode für die Dielektrizitätskonstante mit einem älteren Verfahren zu vergleichen und die Meßgenauigkeit beider Methoden zu ermitteln. Im einzelnen kümmerte sich Röntgen wenig um die Arbeit seiner Praktikanten und Assistenten; sie mußten selbständig arbeiten, und er diskutierte mit ihnen dann die Ergebnisse. Als im Mai 1903 eine Arbeit von Pierre Curie und Albert Laborde über die von Radium abgegebene Wärme erschien, trug Röntgen Ioffe auf, das Ergebnis nachzuprüfen. Ioffe entwickelte ein sehr genaues Meßverfahren, und auf Grund der präzisen quantitativen Meßresultate ließ sich die Vermutung bestätigen, daß dieser Effekt nur durch die Rutherfordsche Hypothese von inneratomaren Kernumwandlungen erklärbar war. Die Ergebnisse blieben zwar unveröffentlicht, aber Ioffe trug darüber im Seminar vor, und für Röntgen waren sie Anlaß, Ioffe vorzuschlagen, bei ihm eine Dissertation anzufertigen.

Ioffes finanzielle Mittel waren inzwischen aufgebraucht. Da nun aber Röntgen die physikalische Begabung des jungen Russen erkannt hatte, fand er einen Ausweg: er gab ihm einen Arbeitsplatz in seinen Arbeitsräumen und stellte ihn als Assistent ein.[1] Als Dissertationsthema schlug er ihm vor, den Zusammenhang zwischen

---

[1] Bei Ioffe heißt es dazu: „Um mir die Fortsetzung meiner wissenschaftlichen Arbeit zu ermöglichen, stellte mich Röntgen als Assistent ein.“ [102, S. 19] Diese Version wird u. a. auch in [67, S. 55], [77, S. 17] oder [80, S. 3] übernommen. Doch in [17, S. 493] schrieb Ioffe: „Da meine Mittel versiegten, so gewährte mir die Universität eine gewisse geldliche Unterstützung.“ – Wo das Geld herkam, ist also nicht ganz eindeutig (vielleicht von Röntgen selbst?). Die Vorlesungsgebühren sind ihm offensichtlich nicht erlassen worden [132.1]. Aus [132.3] folgt, daß der Akademische Senat auf Antrag Röntgens erst am 7. Mai 1906 in Aussicht auf eine künftige Assistentenstelle II. Ordnung ab sofort eine Hilfsassistentenstelle (Monatsgehalt 90 Mark) beantragte, die mit Ioffe besetzt werden sollte; die Bewilligung durch das Kgl. bayerische Staatsministerium des Innern, Abt. für Kirchen- und Schulangelegenheiten erfolgte am 12. Mai 1906 und damit war Ioffe erst offiziell angestellt.

der elastischen Nachwirkung infolge Deformation und den piezoelektrischen Eigenschaften des Quarzes zu untersuchen, ein Problemkreis, der Röntgen seit seiner Gießener Zeit interessierte. Neben seiner Arbeit im Labor belegte Ioffe nun aber noch in jedem Semester einige Vorlesungen. Neben 44 Wochenstunden Physikalisches Praktikum bei Röntgen, wofür im Semester ein Honorar von 63 Mark zu zahlen war, belegte er vom Wintersemester 1903/04 bis einschließlich Wintersemester 1904/05 noch „Theorie der Elektrizität“ und „Elektronentheorie“ bei Prof. Graetz, „Analytische Mechanik“ und ein „Mathematisches Seminar“ bei Prof. Voss, „Theorie der Lösungen“ bei Prof. Korn, „Physikalische Kristallographie“ bei Prof. v. Groth sowie „Funktionstheorie“ bei Prof. Pringsheim [132.1]. Zum Glück wohnte Ioffe in unmittelbarer Nähe der Universität, anfangs in der Adalbertstraße 66, ab Sommer 1905 in der Römerstraße 31, so daß er praktisch jederzeit ins Institut konnte.
Als sich Ioffe mit seinem Dissertationsthema zu beschäftigen begann, versuchte er zunächst, den Effekt der elastischen Nachwirkung genauer zu bestimmen. Thermodynamische Berechnungen führten ihn zu der Schlußfolgerung, daß u. a. elektrische Ladungen die Deformationen und damit die Nachwirkungen beeinflussen müßten, und er konzentrierte sich deshalb auf die Erhöhung der inneren Leitfähigkeit. Er wollte dies durch Bestrahlung mit Röntgenstrahlen oder Radiumstrahlen (aus heutiger Sicht Beta-Strahlen) erreichen. Röntgen war da anfangs skeptisch und schrieb ihm in den Frühjahrsferien 1904, die er in Italien verbrachte, während Ioffe im Institut weiterarbeitete, ein lakonisches Kärtchen: „Ich erwarte von Ihnen ernsthafte wissenschaftliche Arbeit, aber keine sensationellen Entdeckungen. Röntgen.“ [109, S. 21] Doch als Ioffe ihm dann einige Zeit später zeigen konnte, daß Sonnenlicht in einem Isolator, der vorher mit Röntgenstrahlen bestrahlt worden war, elektrische Ströme hervorrief (innerer Fotoeffekt!), entgegnete er: „Setzen wir uns zusammen an diese Untersuchung.“ [109, S. 22] Das war der Beginn der engen Zusammenarbeit zwischen Ioffe und Röntgen, und Röntgen hatte damit bis zu seinem Lebensende noch einmal ein festes Arbeitsgebiet gefunden.
Auf Grund der vorgelegten Dissertation „Elastische Nachwirkung im Krystallinischen Quarz“ (1906 bei Barth in Leipzig im Druck

erschienen) beantragte Ioffe am 3. Mai 1905 bei der Philosophischen Fakultät der Universität in München die Zulassung zur Promotionsprüfung; der amtierende Dekan der Sektion II der Philosophischen Fakultät, Prof. Hertwig, eröffnete am 4. Mai das Verfahren. In Röntgens Gutachten zur Dissertation heißt es u. a.:

> ... Es hat sich durch sehr sorgfältige Versuche herausgestellt, dass bei der gewählten Deformation von Quarzplatten – Biegung – Nachwirkungserscheinungen auftreten, deren Natur als eine elastische erkannt werden konnte: sie sind die Folge der Piezoelektrischen Eigenschaften des Quarzes. Der Verlauf dieser Nachwirkung kann wesentlich verändert werden, wenn die Leitfähigkeit des Quarzes durch ultraviolette, Radium- oder X-Strahlen vergrössert wird: eine Thatsache, die der Verfasser durch eine besondere Untersuchung erhärtet hat. ...
> Ich kann die Arbeit der Fakultät auf das beste zur Annahme empfehlen und beantrage die Zulassung zum Examen. [132.2]

Doch Dekan Adolf v. Baeyer gab vom Krankenbett aus noch einmal zu bedenken, ob Ioffe überhaupt ohne Sondergenehmigung zugelassen werden dürfe, da er kein Gymnasium absolviert habe. Die Fakultät akzeptierte aber die von Hertwig vertretene Auffassung, daß durch das vorliegende Ingenieur-Diplom „ein Aequivalent gegeben sei, weil dasselbe im Heimathland Russland zur Immatriculation an Universitäten in der math. naturw. Facultät berechtigte, ...“ [132.2].
Laut Prüfungsprotokoll vom 5. Juni 1905 wurde Ioffe im Hauptfach Physik von Röntgen, im Nebenfach Mathematik von Pringsheim und im Nebenfach Mineralogie von v. Groth geprüft und erzielte in allen drei Fächern die Note 1 [132.2]. Nach vielen Jahren konnte die Fakultät wieder einmal ein „summa cum laude“ vergeben, was Röntgen sehr freute, doch Ioffe zeigte auf die entsprechenden Worte des Dekans keine Reaktion, denn er hatte sie, da sie lateinisch vorgetragen wurden, nicht verstanden, und in den verschiedenen Bewertungsstufen kannte er sich sowieso nicht aus. „Sie sind wirklich ein merkwürdiger Mensch“, äußerte Röntgen daraufhin [109, S. 24]. Noch bis zum Sommer 1906 belegte Ioffe bei Röntgen das Physikalische Praktikum [132.1].
Selbstverständlich verbrachte Ioffe den größten Teil seiner Zeit in Röntgens Laboratorium. In besonders engen, freundschaftlichen Kontakt kam er dabei mit Röntgens damaligen Assistenten Ernst

3 A.F.Ioffe im Jahre 1910

Wagner (ab 1920 als Nachfolger von Wilhelm Wien Professor in Würzburg) und Peter Paul Koch (ab 1919 Professor in Hamburg) sowie seinen Schülern Ernest Angerer (später Professor in München), Rudolph Ladenburg (später Professor in Dresden, ab 1924 am Kaiser-Wilhelm-Institut für Physikalische Chemie in Berlin-Dahlem, ab 1931 in Princeton/USA) und Peter Pringsheim (seit 1909 an der Berliner Universität, ab 1924 als Professor; 1933 Emigration nach Belgien, USA). Auch die verbleibende Freizeit war hauptsächlich der Wissenschaft gewidmet. Die Münchener Universität liegt nur wenige hundert Meter vom Englischen Garten, einer großen Parkanlage längs der Isar, entfernt, in dem man fast täglich spazierte und diskutierte. Ein anderer Treffpunkt der jungen Physiker war das Café Lutz am Hofgarten, ebenfalls nicht weit von der Universität entfernt. Sipritus rector dieser Kaffeehausgespräche waren meist Wagner und Ioffe. Später erzählte Ioffe u.a. folgende Episode über Sommerfeld, der nach seiner Berufung nach München in Röntgens Institut erschien, um sich mit den Münchener Arbeiten vertraut zu machen:

… Stattdessen schlug ich ihm vor, nach dem Frühstück in das Café zu kommen, wo wir täglich physikalische Fragen diskutierten. Mit der ihm eigenen Gewissenhaftigkeit erschien Sommerfeld täglich ungefähr eine Stunde im Café Hofgarten, wo sich eine Art Physikerklub gebildet hatte, an dem auch Chemiker und Kristallographen teilnahmen, und wo täglich über Fragen, die bei der Arbeit entstanden, diskutiert wurde. Sommerfeld fiel es manchmal nicht leicht, unseren Wortwechseln zu folgen, dafür übertraf sein Assistent Debye bald uns alle. [109, S. 39f.]

Dieser Treffpunkt bestand bis zum 1. Weltkrieg. Natürlich wurden nicht nur physikalische Fragen diskutiert; Literatur, Musik, Kunst und Politik waren nicht ausgeklammert, aber letztlich führten alle Gespräche auf die über alles geliebte Wissenschaft zurück. Politische Studentenaktivitäten, wie sie Ioffe in Petersburg selbst aktiv miterlebt hatte, gab es in diesem Münchener Kreis nicht. Mit Wagner besuchte Ioffe des öfteren die Philharmonie, erwarb durch ihn Verständnis für sinfonische Musik; gemeinsam verbrachten sie ihre Ferien in der Schweiz.
In den Sommerferien 1906, Anfang August, fuhr Ioffe nach Petersburg. Von hier schrieb er an Röntgen Anfang September (keine genaue Datierung, da nur Entwurf vorhanden):

Als ich mich vor sechs Wochen von Ihnen verabschiedete, fuhr ich mit der Absicht nach Rußland in die Ferien, das nächste Semester in München abzuhalten. Jetzt muß ich Ihnen jedoch mitteilen, daß ich diese Absicht nicht verwirklichen kann.
Die wenige Zeit, die ich in Rußland verbrachte, führte mich zu der Überzeugung, daß ich in der gegenwärtigen Zeit nicht das Recht habe, alle Vorzüge zu genießen, die mir im Ausland gewährt werden. …
… ich hoffe, daß Sie meinen Entschluß erklärlich und entschuldbar finden (es war für mich nicht leicht) und mir nicht Ihr gütiges Wohlwollen entziehen, welches ich hochschätze. [47, S. 125f.]

Was war geschehen? Als Ioffe in Petersburg ankam, sah er unmittelbar vor Ort die der gescheiterten Revolution von 1905 folgende Reaktion, erkannte sehr deutlich die augenblickliche Lage in Rußland als „zwischen Anarchie und Sklaverei" [47, S. 125] befindlich. Ioffe bedrückte die offensichtliche Gefahr, daß unter dem als Folge der Revolution entstandenen Scheinkonstitutionalismus des reaktionär-nationalistischen Ministerpräsidenten P. A. Stolypin die progressiven Kräfte der russischen Intelligenz unnachsichtig bekämpft werden würden. So versuchte der zaristische Bildungsminister Kasso die verbliebenen demokratischen Rechte der russischen Hochschulen zu beschneiden und in die Universitätsautonomie einzugreifen. Energische Proteste dagegen führten u. a. 1912 zum teilweisen Auszug der Professoren aus der Moskauer Universität und zur zeitweiligen Schließung derselben. Vor allem bedrückte Ioffe, daß große Teile der Intelligenz erneut der Reaktion anheim fallen könnten. Sicher war Ioffe selbst kein Revolutionär – und in dem eben erwähnten Brief betonte er wohl nicht nur aus taktischen Gründen gegenüber Röntgen, daß er kein „Politiker" werden würde –, aber die progressive Erziehung im Elternhaus wie die Bekanntschaft mit marxistischen Grundkenntnissen in der Studienzeit (er hatte u. a. etwas Marx und Plechanov gelesen) ließen ihn zu der Überzeugung gelangen, daß er in dieser kritischen Lage für seine russische Heimat das ihm Mögliche tun müsse.

Natürlich war Röntgen von der Handlungsweise seines Assistenten nicht begeistert; schließlich ließ sich dieser eine Verletzung der Dienstpflicht zu Schulden kommen, denn er war seit Mai 1906 Assistent, und so kurzfristige Kündigungen waren zumindest nicht üblich (vgl. Röntgens Brief vom 29. 9. 1906 [47, S. 126]). Doch schließlich hat Röntgen Ioffes gefühlsmäßige Entscheidung akzeptiert und über die nächsten Jahre die fachliche Zusammenarbeit mit ihm weitergeführt.

Ioffes Wirken im vorrevolutionären Petersburg – Bemühungen um eine „Modernisierung" der russischen Physik

Ohne zu übersehen, daß es um die Jahrhundertwende in Rußland eine Reihe bedeutender Naturwissenschaftler, darunter auch Physiker, gab – erinnert sei hier nur an A. A. Ėjchenval'd, B. B. Golicyn, A. N. Krylov, P. N. Lebedev, A. A. Markov, D. I. Mendeleev, A. S. Popov, V. I. Vernadskij, J. V. Vul'f oder N. E. Žukovskij – war die russische Physik insgesamt zu jener Zeit doch recht provinziell und hatte kaum Ausstrahlung. Nicht zuletzt lag dies daran, daß die russische Industrie, die sich immerhin seit Ende des 19. Jahrhunderts stürmisch entwickelte und den Anschluß an die führenden Länder Europas und die USA suchte (Mitte der neunziger Jahre trat nach Lenin der russische Kapitalismus in sein imperialistisches Stadium ein, mit starken militärisch-feudalen Zügen), die Bedeutung eigener Wissenschaft für die Technikentwicklung nicht erkannte, sie somit in ihrem akademischen Bereich „für sich" beließ und damit weder forderte noch förderte. So stellte Ioffe über die russische Physik fest:

> 1906, als ich in Petersburg zu arbeiten begann, waren in der Physik die Traditionen des 19. Jahrhunderts noch stark vertreten, in ihrem Mittelpunkt vor allem die Schule von F. F. Petruševskij. Der Physikunterricht in der Hochschule lag auf der Linie der sogenannten messenden Physik – Meßmethoden als Grundlage des exakten Wissens. ... Die Professoren und Lehrer der Physik an den Hochschulen besaßen eine umfangreiche Bildung, aber der schöpferischen Tätigkeit schenkten sie wenig Aufmerksamkeit. Die wissenschaftlichen Arbeiten der an der Universität verbliebenen Physiker stellten sich im Endergebnis oft als Wiederholung bereits publizierter Arbeiten heraus. ... Die wissenschaftliche Arbeit im Physikalischen Institut der Petersburger Universität befand sich auf keinem hohen Niveau. [36, S. 453]

Eine Ausnahme bildete eigentlich nur die von Petr N. Lebedev am Physikalischen Institut der Moskauer Universität begründete Physikerschule (ab 1912 von seinem Schüler P. P. Lazarev weitergeführt), von der Špol'skij ausdrücklich hervorhebt, daß sie damals das einzige große und bedeutende physikalische Forschungsinstitut in Rußland war [78, S. 13], was auch Ioffe bestätigte [36,

S. 455]. Insgesamt schätzte Ioffe die Zahl der Physiker im Rußland der Jahrhundertwende, die man im eigentlichen Sinne als Wissenschaftler bezeichnen könne, auf etwa 100 [36, S. 456].

Angesichts dieser wenig stimulierenden Atmosphäre ist Ioffe der Entschluß, künftig in seiner russischen Heimat zu wirken, sicher nicht leicht gefallen, und es war schon eine gehörige Portion engagierten Optimismus nötig, sich um eine Verbesserung der Situation bemühen zu wollen. Obwohl er eine glänzende Promotion mitbrachte und freiwillig gute Entwicklungschancen in München aufgab, wurde er in der Heimat durchaus nicht mit offenen Armen empfangen. An der Petersburger Universität fand sich keine Assistentenstelle für ihn – im konservativen Bildungsverständnis der Zuständigen war die fehlende humanistische Gymnasialausbildung wohl immer noch ausschlaggebender als die bestandene Promotion in München [54, S. 418]. Erst mit dem 1911 an der Petersburger Universität abgelegten traditionellen Magisterexamen, gefolgt am 9. Mai 1913 von der Verteidigung der Magisterdissertation (im vorrevolutionären Rußland war der Magister der erste wissenschaftliche Grad), erwarb er sich das Recht, an einer russischen Universität zu arbeiten. Inzwischen hatte ihm beispielsweise 1911 die Universität in Berkeley/USA eine Stelle angeboten [67, S. 70].

Im Herbst 1906 hatte Ioffe eine Laborantenstelle (entspricht etwa einem Assistenten) am 1902 eröffneten, nach Peter dem Großen benannten Polytechnischen Institut von St. Petersburg gefunden (im Norden der Stadt auf der Vyborger Seite – damals am Stadtrand, heute direkt an der Metrostation Politechničeskaja). Das Polytechnische Institut unterstand nicht dem Bildungsministerium, sondern dem Ministerium für Handel und Industrie, hatte relativ gute materielle Mittel zur Verfügung und sollte eine praxisgerechte Ausbildung auf hohem Niveau und nach modernen Methoden realisieren. Vorbild war die Technische Hochschule Berlin, die Krylov, einer der Initiatoren des Polytechnischen Instituts, 1898 besucht und in einem ausführlichen Reisebericht an die zuständigen Dienststellen geschildert hatte [54, S. 113ff.]. An den vier Fakultäten für Elektromechanik, Metallurgie, Schiffsbau und Ökonomie arbeiteten eine Reihe ausgezeichneter Lehrkräfte und Wissenschaftler. Direktor des Polytechnischen Instituts war von 1907–1911 der bedeutende Mechaniker Ivan Meščerskij, der

4 Hauptgebäude des Polytechnischen Instituts in Leningrad. Hier veranstaltete Ioffe sein Physik-Seminar, und von 1918–1923 beherbergte es auch das Physikalisch-Technische Institut (Aufnahme um 1975).

wichtige Beiträge zur Dynamik von Körpern mit veränderlicher Masse (z. B. Raketen) lieferte, und von 1911–1917 der Physikordinarius an der Fakultät für Elektromechanik Vladimir V. Skobel'cyn, ein glänzender Lehrer und progressiver Wissenschaftler. Skobel'cyn richtete 1906 am Institut das Elektrotechnische Laboratorium ein, wozu er vorher eine Studienreise durch Deutschland, Frankreich und die Schweiz absolviert hatte.
Skobel'cyn wußte die Bedeutung einer Münchener Dissertation zu schätzen und nahm Ioffe in seine Abteilung auf. Schon bald hatte man sich von der Leistungsfähigkeit des jungen Mannes überzeugt, und ab 1. April 1908 wurde er auf Vorschlag von Skobel'cyn und Meščerskij als Oberlaborant angestellt. Ioffe lehrte an den Fakultäten für Elektromechanik und Metallurgie Thermodynamik, hielt zugleich Vorlesungen am Bergbauinstitut, einer 1773

gegründeten traditionsreichen Lehrstätte am Neva-Ufer auf der Vassili-Insel. Von 1909 bis 1912 hielt Ioffe auch Physikvorlesungen an der Physiologenschule von Lesgaft.
Im Sommer 1908 heiratete Ioffe die Zahnärztin Vera Andreevna Kravcova, die er ein Jahr zuvor kennengelernt hatte, und 1910 wurde die Tochter Valentina Abramovna geboren. Ioffe wohnte im Stadtteil Lesna in der Nähe des Polytechnischen Instituts, später im Institut. Seine Frau arbeitete in den zwanziger Jahren als Bibliothekarin in Ioffes Institut.
Skobel'cyn ließ seinem talentierten Laboranten die freie Wahl der Arbeitsrichtung, gab ihm seinen Möglichkeiten entsprechend aktive Unterstützung in der Bereitstellung notwendiger Geräte und ermöglichte ihm bald auch die Einbeziehung einiger interessierter Mitarbeiter und Studenten in seine Arbeit. Ioffe orientierte seine Themenauswahl an den aktuellen Problemen der Physik, wie er sie in München kennengelernt hatte, und so rückten neben der Weiterführung der in München begonnenen Untersuchung der Eigenschaften der Dielektrika Forschungen zum experimentellen Nachweis der Quantennatur des Lichtes und über die atomare Struktur der Elektrizität in den Mittelpunkt der Arbeit.
Die 1907 in der Zeitschrift der Russischen Physikalisch-Chemischen Gesellschaft veröffentlichte Abhandlung Ioffes „Eine Bemerkung zum photoelektrischen Effekt" [5] war eine der ersten in Rußland überhaupt zur Quantentheorie von Max Planck und Albert Einstein, und das war zu einem Zeitpunkt, als diese Vorstellungen Plancks und Einsteins in der Physik noch längst nicht unumstritten akzeptiert wurden. Auf der Grundlage einer Veröffentlichung von Erich Ladenburg bestätigte Ioffe darin an Hand experimenteller Ergebnisse die Einsteinsche Hypothese, daß sich das Plancksche Wirkungsquantum h aus Messungen des äußeren fotoelektrischen Effekts berechnen lasse (im Gegensatz zu den Folgerungen Ladenburgs, der mehr der Lenardschen Resonanztheorie zuneigte). Diese Fragestellung reizte Ioffe nicht zuletzt deswegen, weil sie mit dem ihn seit seiner Schulzeit beschäftigenden Problem „Lichtwellen im Äther" zusammenhing. Aus dem weiteren Studium des Fotoeffekts an den Alkalimetallen Natrium und Kalium und deren Legierungen erhoffte sich Ioffe noch eine zuverlässigere Bestätigung, doch kam ihm dann Robert Millikan von der Universität Chicago/USA mit wesentlich genaueren Mes-

sungen ab 1912 zuvor und erhielt für diese Arbeiten 1923 den Physik-Nobelpreis.

Ioffe trug seine Ergebnisse zur Bestimmung der Elementarladung und zum Fotoeffekt 1913 zu der Abhandlung „Der elementare fotoelektrische Effekt" zusammen, schloß eine weitere, in ihrem Herangehen ebenfalls recht originelle Abhandlung über „Das magnetische Feld der Katodenstrahlen" an und verteidigte beides als Magisterdissertation [46, II, S. 26–89]. Das Gutachten erstatteten die Fakultätsmitglieder Borgman und Chvol'son, und es heißt darin abschließend:

> Diese Arbeit ist sowohl nach Bestimmtheit der Aufgabenstellung als auch nach Einfachheit und zugleich Zweckmäßigkeit der benutzten Geräte, nach Sorgfalt der durchgeführten Beobachtungen wie nach Eleganz der Darlegung vorbildlich in der experimentellen Physik. (zit. nach [67, S. 117])

Am 14. Oktober 1915 erhielt Ioffe für seine Dissertationsschrift den ihm von der Russischen Akademie der Wissenschaften zuerkannten Ivanov-Preis[1]. Nach dem Magister-Examen durfte Ioffe dann auch Vorlesungen an der Universität halten. Der Rektor berief ihn am 21.9.1913 als Privatdozent, und er las einen Kurs über „Strahlungstheorie".

Zur Strahlungstheorie hatte Ioffe 1910 eine wichtige Arbeit beigesteuert [46, II, S. 12–24]. Er wies nach, daß man in der statistischen Betrachtung die Wärmestrahlung wie ein Photonengas behandeln kann. Die weitere Ausarbeitung dieser Fragestellung führte dann Ehrenfest 1916 zur Theorie der adiabatischen Invarianten, die für die Entwicklung der Quantentheorie von Bedeutung war – vgl. [111, S. 85].

Die Arbeiten über die Eigenschaften der Dielektrika setzte Ioffe zum einen am Petersburger Polytechnikum mit einigen Mitarbeitern fort, zum anderen fuhr er zwischen 1907 und dem Ausbruch des ersten Weltkrieges 1914 regelmäßig ein- bis zweimal im Jahr während der Semesterferien nach München, um mit Röntgen über

---

[1] Benannt nach seinem Stifter Prof. Sergej Andreevič Ivanov und ab 1904 zweijährlich vergeben für russische Beiträge auf dem Gebiet der Naturwissenschaften; der zur Verfügung stehende Geldbetrag wurde jeweils aufgeteilt zwischen der Russischen Akademie und dem der Preußischen Akademie assoziierten Deutschen Archäologischen Institut in Rom.

die elektrische Leitfähigkeit von Kristallen und den Einfluß der Bestrahlung weiterzuarbeiten. Die geplante gemeinsame größere Veröffentlichung scheiterte jedoch an der schwankenden Haltung Röntgens bezüglich der Begründung ihrer experimentellen Ergebnisse, und zwischen 1913 und 1923 erschienen nur einige Teildarstellungen dazu. Zudem hatte der Weltkrieg die weitere Diskussion über diese Fragen unterbrochen, und wenn der liberale Röntgen auch nicht dem zu Kriegsbeginn herrschenden nationalistischen Taumel anheimfiel, so stand er doch soweit in deutschpatriotischer Tradition, daß er während des Krieges „nicht zusammen mit einem Russen eine Arbeit drucken lassen“ konnte [109, S. 26].

Zum Thema „Elastische und elektrische Eigenschaften des Quarzes“, einem speziellen Komplex der Münchener Arbeiten, habilitierte sich Ioffe am 30. April 1915 an der Petrograder Universität zum Doktor der Physik [46, I, S. 32–124]. Was von den gemeinsam mit Röntgen durchgeführten Arbeiten bis zu Röntgens Tod nicht veröffentlicht war, gelangte nicht mehr in die wissenschaftliche Öffentlichkeit, denn Röntgen hatte alle diesbezüglichen Notizen in einem Umschlag mit der Aufschrift „Im Fall meines Todes verbrennen“ aufbewahrt, und Ioffe besaß keine Abschriften davon [109, S. 26].

Neben seiner Arbeit mit Röntgen war für Ioffe in jenen Jahren besonders wichtig, daß er auf diesen Münchener Reisen zahlreiche Physiker kennenlernte, die in den folgenden Jahrzehnten das physikalische Leben an vorderster Front mitbestimmten. In dieser Hinsicht waren vor allem die regelmäßigen Besuche im alten Treffpunkt Café Lutz von Bedeutung. So erlebte er dort beispielsweise im Frühjahr 1912 die Diskussion mit, die zur Entdeckung der Röntgenstrahlbeugung an Kristallen durch Walter Friedrich, Paul Knipping und Max v. Laue führte.[1]

Eine andere Münchener Bekanntschaft datierte aus dem Jahre 1905: der Theoretiker Paul Ehrenfest, der 1904 bei Ludwig Boltzmann in Wien promoviert hatte (vgl. [69; 111]). Da sich Ehren-

---

[1] M. v. Laue war 1909–1912 Privatdozent am Sommerfeldschen Theoretischen Institut. Walter Friedrich, vorher Assistent bei Röntgen, war seit Anfang 1912 „experimenteller“ Assistent bei Sommerfeld und P. Knipping Doktorand bei Röntgen. Zur Entdeckungsgeschichte vgl. u. a. [113] oder [109, S. 40 f.].

5 Tatjana und Paul Ehrenfest mit Frl. A. Föhringer und K. K. Baumgart 1912 auf ihrer Datsche in Kannuk bei Narva

fests Hoffnung, an der Göttinger Universität eine Anstellung zu erhalten, zerschlug, kam er Anfang 1907 mit seiner russischen Frau Tatjana Alekseevna, die in Göttingen Mathematik studiert hatte, nach Petersburg, um hier sein Glück zu versuchen. Aber als „Konfessionsloser“[1] war er im Hochschulbetrieb des zaristischen Rußland nicht erwünscht, und obwohl er sich zwischen 1908 und 1910 der Prozedur des Magisterexamens unterzog, gab man ihm nur für zwei Semester die Möglichkeit, am Polytechnischen Institut einen Kurs über mathematische Physik zu halten. Seine Fähigkeiten konnte er erst voll entfalten, als er 1912 als Ordinarius für theoretische Physik nach Leiden auf den Lehrstuhl von Hendrik Antoon Lorentz berufen wurde; dort wurde er zu einer zentralen Persönlichkeit im internationalen Kommunikationsgefüge der Physik im ersten Drittel des 20. Jahrhunderts. Dennoch war Ehrenfests Petersburger Aufenthalt für die Entwicklung der russi-

[1] Ehrenfest, geboren in Wien, war Jude, seine Frau russisch-orthodoxen Glaubens. Um im Wien der österreichisch-ungarischen Monarchie wenigstens standesamtlich heiraten zu können, mußten beide aus der Kirche austreten. Damit galten sie im zaristischen Rußland aber nun als „Ungläubige“.

schen Physik von eminenter Bedeutung. Er brachte praktisch die moderne theoretische Physik nach Rußland.
Die fünf Jahre, die Ehrenfest in Petersburg verbrachte, waren trotz aller Schwierigkeiten seine glücklichsten, und hätte er eine akademische Position bekommen, wäre er wohl auch geblieben [115, S. 4]. Ehrenfest bewohnte ein 2-Etagen-Holzhaus auf der Vassili-Insel, und bald versammelten sich in seinem Wohnzimmer, in dem er eine Tafel aufgestellt hatte, alle ein bis zwei Wochen die jungen Petersburger Physiker mit Enthusiasmus zum Seminar über aktuelle Fragen der theoretischen Physik. Zu den Teilnehmern gehörten neben Ioffe und dem an der Universität beschäftigten Optiker Dmitrij S. Roždestvenskij sowohl weitere Physiker und Mathematiker der Petersburger Lehranstalten als auch Studenten, darunter V. R. Bursian, V. G. Chlopin, M. V. Čulanovskij, A. A. Fridman, J. A. Krutkov. Kravec schätzte aus der Sicht des damals in Moskau Tätigen ein:

Im ersten Jahrzehnt unseres Jahrhunderts bemühten sich besonders drei Leute darum, die Petersburger Physiker zusammenzuführen. Das war vor allem P. S. Ehrenfest, der damals aus dem Ausland kam ... und außerordentlich viel tat, um die russischen Petersburger Physiker zusammenzubringen und in ihnen das bis dahin wenig ausgebildete Interesse an theoretischer Physik zu entzünden. Zweitens und drittens muß man zugleich A. F. Ioffe und D. S. Roždestvenskij nennen. [53, S. 348]

Ioffe und Ehrenfest waren eng befreundet, und sie trafen sich wesentlich öfter als nur zu den Seminaren. Zwischendurch schrieb Ehrenfest in der ihm eigenen humorigen Art sogar noch zahlreiche Briefe an Ioffe, wie z. B. im Frühsommer 1909 (genaue Datierung fehlt):

Lieber Ioffe – Djadja![1]
1) Entschuldigen Sie bitte, daß ich gestern nicht kam – ich litt an moralischem Katzenjammer!
2) Vergessen Sie nicht, daß am Donnerstagabend, um halb acht, bei uns unser Kreis sein wird.
3) Erinnern Sie die Kollegen aus dem Polytechnikum daran!!! Insbesondere Mitkevič.

---

[1] Ehrenfest betitelte Ioffe in mehreren Briefen mit Djadja (auch in den deutschsprachigen Briefen so geschrieben) – zu deutsch Onkel. Ioffe schrieb daraufhin dem „Neffen“ Ehrenfest. Ab Herbst 1909 gingen sie zum „Du“ über.

Nun, und jetzt neue Bemerkungen zur Frage über die relativistische Inkompressibilität: ... [79, S. 35]
[Es folgen mehrere Seiten theoretischer Abhandlungen mit dem teilweisen Beweis dafür, daß das Konzept des absolut festen (inkompressiblen) Körpers der Relativitätstheorie widerspricht.]

Für Ehrenfest war ausführlicher Gedankenaustausch in brieflicher oder mündlicher Diskussion Zeit seines Lebens eine wichtige Form seiner Kreativität, und sein kritisch hinterfragender Geist wurde von allen seinen Kommunikationspartnern auch als Prüfstein eigener Gedanken sehr geschätzt.
Die zunehmende Lehrtätigkeit an den verschiedenen Hochschulen sowie schließlich auch an der Universität (am 21. Januar 1914 hielt er seine Antrittsvorlesung als Privatdozent) ließ Ioffe nur relativ wenig Zeit für andere Arbeiten. Überhaupt war der Beruf des Wissenschaftlers im vorrevolutionären Rußland noch wenig ausgeprägt; vom Hochschullehrer wurde hauptsächlich Lehre verlangt, wissenschaftliche Arbeit stand an zweiter Stelle. Hinzu kam, daß die Vorbereitung auf die umfangreichen Magisterprüfungen einen Großteil von Ioffes Zeit beanspruchte. Abgesehen von den wenigen Münchener Wochen hatte er für Forschungsarbeiten im Labor nur die Abendstunden zur Verfügung. Dennoch beteiligte sich Ioffe auch am öffentlichen wissenschaftlichen Leben sehr aktiv. Bereits am 14. November 1906 war er auf Vorschlag von Egorov, Georgievskij und Gesechus Mitglied der Russischen Physikalisch-Chemischen Gesellschaft geworden. Auch Ehrenfest und seine Frau traten bald nach ihrer Ankunft der Gesellschaft bei.
Die Russische Physikalisch-Chemische Gesellschaft mit Sitz in Petersburg entstand 1878 auf Initiative Mendeleevs durch Vereinigung der Russischen Chemischen Gesellschaft (gegründet 1868) und der Russischen Physikalischen Gesellschaft (gegründet 1872), wobei beide Vorgänger als relativ selbständige Abteilungen erhalten blieben. Für die Entwicklung der Physik und Chemie im vorrevolutionären Rußland spielte sie eine entscheidende Rolle, da auf diese Weise wesentlich über den Wirkungskreis der Russischen Akademie der Wissenschaft hinausgegangen werden konnte, deren Physikalisches Kabinett, bereits 1725 gegründet und nach 1740 durch G. W. Richman wesentlich gefördert, bis über die Mitte des 19. Jahrhunderts eigentlich die einzige Stelle in

Rußland war, an der physikalische Forschung intensiver betrieben wurde. Unter den Präsidenten der Gesellschaft waren auch bekannte Physiker wie Petruševskij, Popov, Krylov oder Roždestvenskij; 1930 ging sie in anderen Organisationen auf, die den neuen Anforderungen besser entsprachen. In der Regel trafen sich die Mitglieder einmal monatlich jeweils am zweiten Dienstag zu einer Vortragssitzung, der Vorstand beriet wöchentlich die anstehenden Aufgaben. Die Zeitschrift der Gesellschaft, die bereits seit 1873 als Organ beider Vorgängergesellschaften unter dem Titel „Žurnal Russkogo fiziko-chimičeskogo obščestva" (ŽRFChO – Zeitschrift der Russischen Physikalisch-Chemischen Gesellschaft) erschien, war für die russischen Physiker das erste Periodikum ihres Landes, in dem sie ihre Ergebnisse veröffentlichen konnten. Für Ioffe war die Gesellschaft „ein lebendiges Zentrum, in dem beständig Diskussionen stattfanden, manchmal auch scharfe politische Konflikte, die natürlich aus den Bedingungen jener Zeit resultierten" [35, S. 583].
Seinen ersten Vortrag hielt Ioffe am 13. März 1907 vor der Physikalischen Abteilung der Gesellschaft zum Thema „Über die Erscheinungen der Nachwirkung und der elektrischen Leitfähigkeit im Quarz". Im Oktober des gleichen Jahres sprach er noch über den fotoelektrischen Effekt. Ioffe gehörte zu den aktivsten Mitgliedern der Physikalisch-Chemischen Gesellschaft, fehlte auf kaum einer Sitzung, hielt zahlreiche Vorträge, veröffentlichte in der Zeitschrift der Gesellschaft Originalarbeiten, aber auch Referate wichtiger neuer Arbeiten ausländischer Physiker. Mehrfach übte er in der Gesellschaft Leitungsfunktionen aus, u. a. als Vizepräsident, und von 1914 bis 1931 war er Mitglied des Redaktionskomitees – ab 1924 als verantwortlicher Redakteur des Physikteils – der Zeitschrift (1931 stellte die Zeitschrift im Rahmen einer Neuorientierung des Zeitschriftenwesens ihr Erscheinen ein; ihre Funktion übernahm dann u. a. die „Zeitschrift für experimentelle und theoretische Physik" – ŽÉTP).
Der erste Kongreß der Russischen Naturforscher und Ärzte fand 1868 in Petersburg statt, und bis 1901 wurden elf solcher Großveranstaltungen u. a. in Moskau, Kiev, Kazan und Odessa durchgeführt, die für das russische naturwissenschaftliche Leben von ähnlicher Bedeutung waren wie in Deutschland die jährlich seit 1822 stattfindenden Versammlungen der Deutschen Naturforscher und

Ärzte. Der XII. Kongreß war nun von Ende Dezember 1909 bis Anfang 1910 in Moskau vorgesehen; er wurde mit großer Öffentlichkeitswirksamkeit und mehreren tausend Teilnehmern durchgeführt. Die Eröffnung fand im Säulensaal des Moskauer Adelklubs (heute Haus der Gewerkschaften) statt. Ioffe war Mitglied einer siebenköpfigen Delegation des Petersburger Polytechnikums – für ihn war es der erste große Kongreß, auf dem er auch einen Vortrag halten sollte. Ehrenfest nahm ebenfalls teil; er sprach über die Relativitätstheorie, und über die Wirkung des Vortrages schrieb Ioffe seiner Frau:

... [er] hatte ungewöhnlichen Erfolg, sowohl was den Inhalt betraf, als auch nach dem Eindruck, den seine Offenherzigkeit und sein Enthusiasmus hervorriefen; jetzt ist er ein sehr populärer Mensch. (zit. nach [67, S. 188])

Bezüglich seines eigenen, einige Tage später gehaltenen Vortrages über Ergebnisse seiner Münchener und Petersburger Forschungen zu den elektrischen Eigenschaften der Dielektrika teilte er ihr mit:

... nach meinem Eindruck war er ziemlich gelungen. Natürlich hat mir niemand den Kopf gestreichelt, aber Ehrenfest fand, daß das „klassisch" war. (zit. nach [67, S. 189])

Obwohl Ioffe zu dieser Zeit ja noch keine etablierte Stellung hatte, waren seine Fähigkeiten doch bereits über Petersburg hinaus anerkannt, und so konnte er seiner Frau u. a. berichten:

Von 10 Uhr morgens bis ein Uhr nachts ist keine freie Minute. Ehrenfest und mich hat Lebedev völlig okkupiert; die ganze Zeit zwischen oder nach den Sitzungen müssen wir ihn begleiten oder mit ihm zu Lazarev gehen; ... (zit. nach [67, S. 188]).

Somit war der Erfolg dieses Kongresses für das wissenschaftliche Leben Rußlands gewissermaßen zugleich ein persönlicher Erfolg Ioffes für seine weitere wissenschaftliche Entwicklung.
An der Jahreswende 1911/12 fand in Petersburg der zweite Mendeleev-Kongreß mit etwa 5 000 Teilnehmern statt (der erste war im Dezember 1907 durchgeführt worden). Zu den Höhepunkten gehörten ein Vortrag von Sergej M. Prokudin-Gorskij über Farbfotografie und von Nikolaj A. Umov über Einsteins Relativitätstheorie; Ioffe sprach über „Entropie und Zeitgefühl" und löste damit interessante Diskussionen aus [83, S. 27].

Brachte Ioffe das Jahr 1913 mit der erfolgreichen Verteidigung der Magisterdissertation eine Privatdozentur an der Universität, so berief ihn der Minister für Handel und Industrie an seiner eigentlichen Heimstatt, dem Polytechnischen Institut, zum 23. Oktober 1913 als außerordentlichen Professor für Physik. In der dazu von Skobel'cyn eingereichten Begründung hieß es u. a.:

Dieser Kandidat [A. F. Ioffe – H. K.] ist für das Institut eine in hohem Grade wertvolle Erwerbung; abgesehen davon, daß er gegenwärtig zweifellos der beste Physikspezialist in Rußland ist, macht ihn sein Bildungsgrad als Ingenieur-Technologe in unserem Institut als Lehrer eines der Hauptfächer, das das Fundament der höheren technischen Bildung darstellt, unentbehrlich. (zit. nach [67, S. 123])

Seit 1912 hatte er am Polytechnikum auch seine ersten „eigenen" Schüler: Petr L. Kapica und Petr I. Lukirskij. Kapica beispielsweise war deshalb ans Polytechnische Institut gekommen, weil er wie Ioffe in seiner Heimatstadt Kronstadt das Realgymnasium besucht hatte. Mit der Aufnahme seiner Vorlesungstätigkeit an der Universität fand Ioffe dort ebenfalls sofort erste Schüler, darunter Jakov I. Frenkel' und Nikolaj Semenov. Semenov schrieb darüber:

Mit großen Hoffnungen trat ich 1913 in die Petersburger Universität ein; aber im ganzen war es darin für mich ziemlich langweilig, bis ich in den fakultativen Kurs ging, den der 33jährige Privatdozent A. F. Ioffe über neue Probleme der Physik hielt, das war hinreißend interessant: einfach und klar, ohne jedes falsche Pathos, ohne jede Affektiertheit sprach er über ganz tolle Leistungen der neuen Physik. Ich begriff sofort, daß dieser Mensch mein Lehrer werden mußte. [65, S. 387]

Bald kamen weitere Schüler hinzu, und im Frühjahr 1916 faßte sie Ioffe in einem Seminar zusammen.

Im Seminar wurden die wichtigsten ausländischen Artikel über moderne Physik, aber auch eigene Arbeiten der Seminarteilnehmer, vorgetragen und des langen und breiten erörtert,

erinnert sich Semenov [65, S. 388]. Auch Jakov G. Dorfman, ebenfalls einer aus der ersten Schülergeneration Ioffes am Polytechnikum, schrieb:

Das war das bemerkenswerteste Seminar, an dem ich jemals Gelegenheit hatte teilzunehmen. Jede Sitzung war nur einem Thema gewidmet. ... Nach jedem Vortrag resümierte er kurz seinen Inhalt ... Den Vortrag resümierend, richtete Abram Fedorovič gewöhnlich unsere Aufmerksamkeit auf die Mängel des betrachteten Artikels, auf die ungelösten Probleme, und dann begann die Erörterung möglicher Lösungswege für diese Fragen. An der Diskussion nahmen alle Seminarteilnehmer gleichberechtigt teil. Abram Fedorovič übte niemals Druck aus oder setzte niemals seine Autorität ein, er hörte geduldig jedem beliebigen Einwand und jeder Bemerkung zu. [83, S. 88]

Das Seminar fand in der Regel donnerstags um 6 Uhr abends statt und hatte etwa 10–15 Teilnehmer aus Universität und Polytechnikum. Es war – nach dem mehr theoretisch orientierten Diskussionskreis bei Ehrenfest, an dem eigentlich keine Studenten teilnahmen, der aber für Ioffe ein gewisses Vorbild war – das erste physikalische Zentrum Petrograds, in dem der talentierte wissenschaftliche Nachwuchs aktuelle Fragen der Forschung diskutieren konnte. Die hier erstmals praktizierte kollektive Beratung komplexer Probleme der Physikentwicklung, eine Arbeitsmethode, die Ioffe später zum Arbeitsprinzip seines Instituts machte, und die dabei angestrebte enge Verbindung von Physik- und Technikentwicklung erwiesen sich als grundlegend für seine weitere Arbeit und die Wissenschaftsentwicklung überhaupt. Dieses Seminar wurde bald zur Keimzelle einer progressiven Physikerschule. Selbstverständlich war für Ioffe, daß er talentierte Mädchen gleichberechtigt in die Arbeit einbezog, und so gehörten neben Kapica, Semenov, Lukirskij, Frenkel', Dorfman, Juščenko, Dobronravov und Nesturch auch drei junge Frauen zu seinen ersten Seminarteilnehmern: Militta V. Milovidova-Kirpičeva, mit der er mehrere Arbeiten zur Kristallphysik veröffentlichte, Jadviga R. Šmidt und I. K. Bobr. Von späteren Schülerinnen und Mitarbeiterinnen sind u. a. zu nennen Agnessa N. Arsen'eva-Gejl', Marina V. Klassen-Nekljudova, Maria A. Levickaja, Ol'ga N. Trapeznikova.
Die Ereignisse des ersten Weltkrieges beeinträchtigten natürlich auch den Wissenschaftsbetrieb in Rußland – finanzielle Mittel wurden gestrichen, die Auslandsverbindungen rissen ab, Studenten und junge Wissenschaftler wurden zur Armee gezogen usw. Schon die ersten Kriegsmonate offenbarten die technisch-ökonomische Rückständigkeit Rußlands drastisch. Neben kurzfristig eingeleiteten Maßnahmen, mit denen versucht wurde, die Kriegswirtschaft anzukurbeln und wenigstens das Notwendigste bereitzustellen, ergaben sich auch einige längerfristig orientierte Schlußfolgerungen. So wurde beispielsweise bereits 1915 bei der Akademie der Wissenschaften eine ständige Kommission zur Er-

6 Teilnehmer des Seminars von A. F. Ioffe im Jahre 1916 (die Aufnahme hat Kapica mit Selbstauslöser gemacht), sitzend von links nach rechts: P. L. Kapica, J. I. Frenkel', N. N. Semenov, K. F. Nesturch, P. I. Lukirskij, I. K. Bobr, M. V. Milovidova-Kirpičeva; stehend von links nach rechts: J. R. Šmidt-Černyševa, N. I. Dobronravov, A. P. Juščenko, J. G. Dorfman, an der Tafel A. F. Ioffe

forschung der natürlichen Produktivkräfte Rußlands (KEPS) unter dem Vorsitz von V. I. Vernadskij gebildet. Der Kristallograph F. Ju. Levinson-Lessing berief Ende 1916 eine Kommission zur Ausarbeitung des Projektes einer Physikalisch-mechanischen Fakultät des Petrograder Polytechnischen Instituts, der u. a. auch Ioffe und Kapica angehörten. Doch die meisten Laboratorien wurden „Einrichtungen für ‚erste Hilfe' zur Lösung von Fragen, die sich aus der Sprengstoffproduktion und anderen militärischen Problemen ergaben" [116, S. 336]. Trotz dieser zum Teil einschneidenden Auswirkungen versuchte die Mehrzahl der Wissenschaftler und Hochschullehrer, sich in der täglichen Arbeit so wenig wie möglich vom Krieg und seinen Folgen beeinflussen zu lassen. Die zum großen Teil dem Kleinbürgertum zuzurechnende, sich in der liberalen Bourgeoisie orientierende russische wissenschaftliche Intelligenz betrachtete sich traditionell als über den Klassen stehend und von Politik unabhängig. Damit stand sie zwar zumeist dem Zarismus mindestens sehr reserviert gegenüber und begrüßte folglich die Februarrevolution 1917 als Sieg der bürgerlich-demokratischen Kräfte, doch dann ging sie wieder zur Tagesordnung ihrer wissenschaftlichen Arbeit über; die russische wissenschaftliche Intelligenz verhielt sich darin kaum anders als die bürgerlichen Wissenschaftler im übrigen Europa. Der Oktoberrevolution von 1917 stand die Mehrheit dieser Intelligenz dann – wenn nicht ablehnend – zumindest abwartend gegenüber:

... der wahre Fortschritt, den die Große Sozialistische Oktoberrevolution unserer Heimat und der ganzen Welt versprach, wurde von ihr als eine gefährliche Anomalie der Geschichte aufgefaßt. Viele Intellektuelle waren eine gewisse Zeit außerstande, den Rubikon, der sie von der Sowjetmacht trennte, zu überschreiten. [128, S. 9]

Diese im besten Falle politisch indifferente, aber stets der russischen Heimat verbundene Haltung wird anschaulich unterstrichen beispielsweise durch die Feststellung des ständigen Sekretärs der Akademie der Wissenschaften S. F. Ol'denburg auf ihrer Vollversammlung am 19./20. Dezember 1917:

Die in der Russischen Akademie der Wissenschaften Arbeitenden können sagen, daß sie nichtsdestotrotz gearbeitet haben, arbeiten und auch weiterhin für die Heimat und für die Wissenschaft arbeiten werden ... (zit. nach [116, S. 343])

Auch Ioffe hatte seine wissenschaftliche Arbeit bisher im wesentlichen aus dem traditionellen Blickwinkel des bürgerlichen Wissenschaftlers betrachtet und kaum nach weitergehenden gesellschaftlichen Konsequenzen gefragt – nicht zuletzt stand er ja in der deutschen bürgerlichen Wissenschaftstradition eines Röntgen (was nichts mit einer vordergründigen Einengung auf den berüchtigten „Elfenbeinturm" zu tun hat). Sein nicht geringes gesellschaftliches Engagement im Rahmen der wissenschaftlichen Gemeinschaft zielte vor allem auf die Durchsetzung der akademischen Freiheit von Lehre und Forschung, auf das „unabhängige" Funktionieren der Wissenschaft in einer möglichst bürgerlich-demokratischen Gesellschaft – keine leichte Aufgabe unter zaristischen Bedingungen. So war für ihn wie für viele andere Wissenschaftler die Oktoberrevolution anfangs etwas nicht Faßbares und etwas, was außerhalb seiner Intentionen lag.

Die Bedeutung der Oktoberrevolution habe ich nicht sogleich verstanden. Die Übernahme der Macht durch die Bolschewiki betrachtete ich anfangs als eine Episode der Revolution, die durch das Bestreben, den Krieg zu beenden, bestimmt war,

schrieb er in seiner Autobiographie [17, S. 498]. Erst eine Reise in den Semesterferien des Sommers 1918 auf die Krim gab ihm Anstoß zu tieferem Nachdenken über die Oktoberrevolution. Er erlebte dort als Augenzeuge, wie unter dem Schutz der deutschen Okkupanten versucht wurde, die bürgerliche Macht zu restaurieren, und den Ausschlag gab schließlich das Moskauer Attentat auf Lenin Ende August 1918. Ioffe beschloß danach, seine „Arbeit für immer mit dem Lande der Sowjets zu verbinden" und seinen „Anteil zum künftigen Aufbau beizutragen" [17, S. 499].

Die ersten Jahre der Sowjetmacht

Die Russische Akademie der Wissenschaften war die bedeutendste wissenschaftliche Einrichtung des Landes, ihre Gründung 1725 war noch von Zar Peter I. initiiert worden. Nur die besten Wissenschaftler sollten Mitglied sein, und so war die Mitgliedschaft beschränkt. 1917 gab es 41 ordentliche und etwas weniger korrespondierende Mitglieder. Ende 1918 waren zwei Stellen korrespondierender Mitglieder vakant, und Krylov, der bedeutende Mathematiker, Physiker und Schiffsbauingenieur, ordentliches Mitglied seit 1916, schlug Ioffe vor; der Vorschlag wurde von dem Astronomen M. A. Rykačev und dem Mathematiker V. A. Steklov unterstützt. Am 27. November 1918 wurde er von der Physikalisch-mathematischen Abteilung einstimmig gewählt; am 30. November wurde die Wahl zum korrespondierenden Mitglied vom Plenum bestätigt. Bereits anderthalb Jahre später, am 8. Mai 1920 wurde Ioffe zum ordentlichen Akademiemitglied gewählt. In dem von Krylov verfaßten und von dem Geologen und derzeitigen Akademiepräsidenten Karpinskij, dem Astrophysiker Belopol'skij, Steklov und Lazarev mitunterzeichneten Wahlvorschlag hieß es u. a. sehr zutreffend: Die Gesamtheit seiner Arbeiten,

> die das überragende Talent Professor A. F. Ioffes beweisen, sowohl als Experimentator, als auch in seiner Fähigkeit, seinen Versuchen eine theoretische Grundlage zu geben, so daß ein Versuch ein „experimentum crucis" für die gegebene Frage wird ...,

veranlasse die Unterzeichner zu dem vorliegenden Antrag [84, S. 19]. Daß einigen alten Herren der Akademie die Wahl Ioffes nicht ganz leicht gefallen sein muß – die Wahl 1920 war nicht einstimmig – geht auch aus einer Notiz Lunačarskijs an Lenin vom März 1921 hervor:

> ... über die Wahl eines in seinen politischen Ansichten so radikalen Menschen und Juden in die Akademie der Wissenschaften zu reden wäre in der alten Zeit gar nicht möglich gewesen; indessen ist Ioffe ein ausgezeichneter Physiker, insbesondere auf den Gebieten der Röntgenologie und der Theorie vom Bau der Atome. (zit. nach [46, I, S. 15])

Die Akademie hatte nach anfänglichem Zögern in einer Grundsatzerklärung vom 19. Februar 1918 ihre Bereitschaft erklärt, mit der neuen sozialistischen Staatsmacht zusammenzuarbeiten und zugleich erstmals Grundsätze über Stellung und Funktion der Wissenschaft in der sozialistischen Gesellschaft formuliert (vgl. [116, S. 341 ff.] sowie [131, S. 29 und S. 64]). Sie traf damit bei der jungen Sowjetmacht auf fruchtbaren Boden. Sozialismus bedeutet und bedingt ja ein völlig neues Verhältnis von Staat und Wissenschaft; Entwicklung der Wissenschaft wird zu einem Anliegen der ganzen Gesellschaft und ermöglicht der ganzen Gesellschaft, an den Errungenschaften der Wissenschaft teilzuhaben. Lenin widmete den Fragen der Entwicklung der Wissenschaft von Anfang an große Aufmerksamkeit, und das Volkskommissariat für Bildungswesen (Narkompros) unter Anatolij V. Lunačarskij und seinem Abteilungsleiter für Wissenschaft L. G. Šapiro bemühte sich im Auftrage Lenins um eine schöpferische Einbeziehung der Wissenschaft entsprechend ihren Spezifika in den sozialistischen Aufbau. Lenins „Entwurf eines Plans wissenschaftlich-technischer Arbeiten" [131, S. 103 f.] vom April 1918 wurde ein wichtiges Dokument für die Entwicklung der sowjetischen Wissenschaft; ihm lag praktisch der Gedanke ihrer staatlichen Planung zugrunde.
Bedeutete das Eingehen der Akademie auf sachliche Zusammenarbeit mit der Sowjetmacht im Dienste des Volkes noch lange nicht den Übergang der wissenschaftlichen Intelligenz auf die ideologischen Grundpositionen der kommunistischen Weltanschauung – das wäre bei Berücksichtigung von Herkunft und Tradition der russischen Intelligenz illusorisch gewesen (vgl. u. a. [129, Kap. I]) –, so hatte ihre Handlungsweise doch Signalwirkung für die Wissenschaftler des ganzen Landes.

Ihr Verhältnis zur neuen Macht bestimmte die Beziehungen der Staatsorgane zum gesamten System der wissenschaftlichen Einrichtungen des Landes und zu den wissenschaftlichen Kadern. Bereits ein halbes Jahr nach der Großen Sozialistischen Oktoberrevolution zeigten sich fast alle führenden wissenschaftlichen Einrichtungen zur Zusammenarbeit mit der Sowjetmacht bereit. [116, S. 347]

Wichtig für das Herangehen an die weitere Entwicklung der Wissenschaft im Lande wurde das in verschiedenen Gremien diskutierte Schreiben der KEPS vom 30. Juni 1918 „Über die Aufgaben des Wissenschaftlichen Aufbaus" (abgedruckt in [131, S. 109 ff.]),

worin konkrete Vorschläge für die planmäßige staatliche Arbeit auf dem Gebiet der Wissenschaft unterbreitet wurden, die aus der Erkenntnis resultierten, daß die außergewöhnliche ökonomische Situation des Landes eine Annäherung der Wissenschaft an die Produktion, die enge Einheit zwischen sogenanntem angewandtem und reinem Wissen erfordere.
Ioffe war im September 1918 von der Krim nach Petrograd zurückgekehrt, um sich dem neuen Staat zur Verfügung zu stellen. Sicher erschlossen sich ihm zu diesem Zeitpunkt noch nicht alle Konsequenzen, die die neue Gesellschaftsordnung für eine erfolgreiche Wissenschaftsentwicklung bieten würde, aber er erkannte zumindest, daß die Chancen günstig waren, die Wissenschaft und speziell die Physik in Rußland endlich aus ihrer herkömmlichen Konventionalität und Provinzialität herauszuführen. Als Vertreter einer technischen Bildungseinrichtung, der wesentliche Erfahrungen vor dem ersten Weltkrieg vor allem im wissenschaftlich und technisch hochentwickelten Deutschland gesammelt hatte, war ihm klar geworden, daß dies nur dann realisiert werden kann, wenn die Wissenschaft sich stärker an den Problemstellungen aus der Praxis orientiert:

Sowohl meine Ingenieurausbildung als auch die Arbeit im Polytechnischen Institut, welches ein Zentrum der neuen Richtung wissenschaftlich-technischer Arbeit war, überzeugten mich von der Notwendigkeit einer engeren Verbindung zwischen dem Studium der Naturerscheinungen in der Physik und ihrer Anwendung in der Technik. [9, S. 5]

Und wenn die traditionsverhaftete Universität dies nicht leisten könne oder wolle, müsse man neue Institutionen gründen. Rückblickend sagte er über dieses Bestreben, daß er eine derartige Organisation der physikalischen Forschung erreichen wollte, „die die Physik zur wissenschaftlichen Basis der künftigen sozialistischen Technik machen könnte“ [17, S. 499]. Inhaltlich entsprach dies eigentlich genau dem, was die KEPS in ihren Ansichten über den wissenschaftlichen Aufbau vorgeschlagen hatte. – Überlegungen dazu hatte es bei Ioffe in den vorangegangenen Jahren bereits mehrfach gegeben.
Da war zum einen die bereits erwähnte Diskussion um eine Physikalisch-mechanische Fakultät des Polytechnischen Instituts. Ioffe forcierte nun die Bemühungen um die Schaffung einer solchen Fakultät, wobei es ihm weniger um die Form als vor allem um

7 A. F. Ioffe um 1920 in seiner Wohnung im Polytechnischen Institut

neue Bildungsinhalte ging, denn die neuen Aufgaben konnten nur mit einem entsprechenden „Physiker neuen Typs“ realisiert werden. Am 5. März 1919 beschloß der Rat des Polytechnischen Instituts die Gründung einer solchen Fakultät; vor allem die ausführliche Begründung Ioffes hatte zahlreiche Ratsmitglieder, die bis dahin an der Notwendigkeit zweifelten, überzeugt. Auf der konstituierenden Fakultätssitzung am 11. Juni 1919 wurde Ioffe zum Dekan gewählt; diese Funktion sollte er (mit Unterbrechungen) bis 1948 ausfüllen. Zugleich leitete er den Lehrstuhl für allgemeine Physik (worunter er praktisch die technische Physik verstand). Im August 1919 begann an der Fakultät die reguläre Ausbildung – erstmals konnte damit in Rußland bzw. der Sowjetunion eine ingenieur-physikalische Bildung vermittelt werden; u. a. lasen Experimentalphysik Ioffe und V. V. Skobel'cyn, Mechanik Krylov und Fridman, theoretische Physik Bursian, Kristallographie Vul'f, Elektrotechnik Mitkevič [67, S. 292]. In bewußter Abhebung zum noch immer sehr verbreiteten Physiklehrbuch von Chvol'son veröffentlichte Ioffe 1919 sein erstes Lehrbuch „Vorlesungen über Molekularphysik“, das in seiner unkonventionellen Gliederung auch heute noch recht modern anmutet [6]:

I Gegenwärtige Vorstellungen über den Bau der Stoffe
II Einige Kenntnisse aus der Mechanik
III Eigenschaften der Wärmeenergie
IV Eigenschaften der Gase
V Reale Gase und Flüssigkeiten
VI Erscheinungen in Grenzschichten
VII Festkörper
VIII Lösungen

In seiner Rezension dieses Lehrbuches betonte Lazarev:

> Ioffes Buch ... ist ein vortrefflicher Leitfaden durch die Gesamtheit des allgemeinen Universitätskurses. Indem Ioffe unter Molekularphysik die Lehre von den Eigenschaften der Materie in ihren verschiedenen Zuständen versteht, legt er in seinem Kurs folgerichtig im Zusammenhang mit der molekularen Theorie die gegenwärtigen Anschauungen über die Materie dar und gibt ein klares und vollständiges Bild der einfachsten Materieumwandlungen. [57]

Versuchte Ioffe auf der einen Seite, die Lehre den Erfordernissen der neuen Praxis anzupassen, so bemühte er sich zum anderen auch um eine praxisverbundene Forschung. Doch war es unter den schwierigen Lebensbedingungen jener Jahre nicht leicht möglich, ein neues Institut aufzubauen. Da kam ihm ein Projekt des Arztes und Röntgenologen M. I. Nemenov von der Petrograder Frauenklinik entgegen, das jener schon vor der Revolution vergeblich zu realisieren versucht hatte.

Nemenov, ein Absolvent der Berliner Universität, hatte frühzeitig erkannt, daß die Röntgenstrahlen in der Medizin nicht nur eine neue Diagnosemethode begründeten, sondern in verschiedenen Fällen auch zu Heilzwecken eingesetzt werden könnten. Doch um die Strahlentherapie erfolgreich entwickeln zu können, war die interdisziplinäre Zusammenarbeit von Medizin und Physik notwendig. Aus analogem Grunde hatte sich 1914 in Deutschland der Freiburger Gynäkologe Bernhard Krönig mit dem Röntgen-Schüler Friedrich verbunden, und Nemenov versuchte nun Ioffe zu gewinnen.

Nemenov erwirkte im April 1918 vom Narkompros den Auftrag, ein röntgenologisches Institut zu organisieren, und er schlug vor, Ioffe die physikalische Abteilung zu übertragen [95, S. 6]. Im Herbst 1918 begann das „Staatliche Röntgenologische und Radiologische Institut" zu arbeiten; am 31. 7. 1919 bestätigte das Nar-

kompros die Gründung. Nemenov wurde erster Direktor (1920 war es Ioffe, da sich die Abteilungsleiter jährlich abwechseln sollten) und Leiter der medizinisch-biologischen Abteilung. Ioffe übernahm die physikalisch-technische und L. S. Kolovrat-Červinskij die radiologische Abteilung (ab 1921 Vernadskij); die Einbeziehung einer optischen Abteilung unter Roždestvenskij gelang nicht, dieser erhielt Ende 1918 ein eigenes optisches Institut. Ein eigenes Institutsgebäude konnte damals noch nicht zur Verfügung gestellt und die drei Abteilungen mußten getrennt untergebracht werden, für die physikalisch-technische Abteilung (PTA) wurden einige Räume von Prof. V. V. Skobel'cyn im Polytechnischen Institut freigemacht. Auf diese Weise konnte natürlich keine vernünftige Zusammenarbeit zwischen den einzelnen Abteilungen zustande kommen, wie sie Nemenov vorgeschwebt hatte, und Ende 1921 wurde beschlossen, die drei Abteilungen in selbständige Institute umzuwandeln.
Das Physikalisch-Technische Institut (anfängliche Bezeichnung Physikalisch-Technisches Röntgenologisches Institut, später Staatliches Leningrader Physikalisch-Technisches Institut; als Abkürzung wird hier einheitlich verwendet LPTI) unter der Leitung Ioffes – die Bezeichnung sollte zugleich ein Programm ausdrücken – mußte noch bis Anfang 1923 im Polytechnischen Institut verbleiben, dann konnte es schräg gegenüber ein eigenes, inzwischen

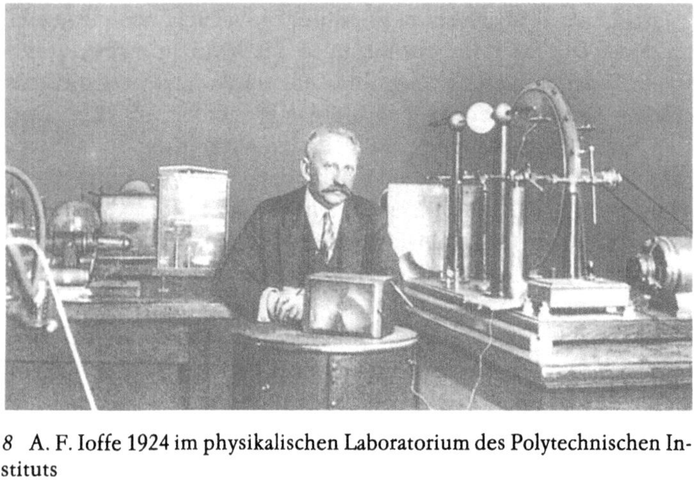

8 A. F. Ioffe 1924 im physikalischen Laboratorium des Polytechnischen Instituts entsprechend umgebautes zweigeschossiges Gebäude beziehen, ein ehemaliges Militärhospital. Unter den damaligen Bedingungen der Material- und Arbeitskräfteknappheit war die Rekonstruktion keine leichte Aufgabe und erforderte den persönlichen Einsatz Ioffes und aller Mitarbeiter für solche Arbeiten. Ioffe, der seit einiger Zeit seine Wohnung im Polytechnischen Institut hatte, zog nun ebenfalls in das neue Gebäude um.

1919 wurde auf Initiative von Ioffe und Nemenov der „Vestnik rentgenologii i radiologii" gegründet; die Zeitschrift erschien ab 1920 in russischer, französischer, englischer und deutscher Sprache und wurde auch im Ausland bekannt.

Forschung und Lehre waren die eine Seite, die andere war die Nutzung in der Praxis. Doch in den russischen Betrieben gab es vor der Revolution kaum so etwas wie Laboratorien, in denen Forschungsergebnisse für die Produktion nutzbar gemacht werden konnten. Neue Produkte produzierte man im wesentlichen nach ausländischen Vorbildern. Unter Ioffes Leitung entstand deshalb 1919 das wissenschaftlich-technische Komitee der Petrograder Industrie. Bis 1923 war Ioffe sein Vorsitzender. Dieses Komitee organisierte in Leningrad die Errichtung von 113 Industrielaboratorien [80, S. 11].

Schließlich war es ebenfalls wesentlich einer Initiative Ioffes zu verdanken, daß sich bereits im Januar 1919 in Petrograd etwa 100 Physiker aus dem ganzen Lande versammelten und die Orientierung der russischen Physik auf die Technik unterstützten. Aus diesem Treffen ging die Russische Physiker-Assoziation hervor, die künftig die Physikerkongresse im Lande organisierte (1931 ging sie in der auf Initiative Ioffes neugegründeten Allunions-Physikerassoziation auf [87, S. 225 f.]). Der erste Physiker-Kongreß fand 1920 in Moskau statt. An ihm – wie auch an den folgenden 1921 in Kiev und 1922 in Gorki – konnte Ioffe jedoch aus Termingründen nicht teilnehmen.

Das Hauptproblem der russischen Wissenschaftler nach der Oktoberrevolution und in der allgemeinen Not des Bürgerkrieges neben den Problemen des täglichen Lebens – die tägliche Lebensmittelration für Wissenschaftler war danach auf 3539 Kalorien berechnet und lag damit immerhin höher als für viele andere russische Menschen (diese sogenannte akademische Ration war nur um weniges geringer als die Ration für Rotarmisten im Fronteinsatz, vgl. [131, S. 413]) – war das Fehlen von entsprechender Laborausrüstung und vor allem der neuesten ausländischen Literatur. Ioffe schrieb am 18. Juni 1920 an Ehrenfest:

> Wir verlebten schwere Jahre und haben viele verloren, aber jetzt fangen wir wieder an zu leben. ... Wir arbeiten viel, aber beendet wurde bisher nicht viel, so verging das Jahr mit der Organisation der Arbeit unter den neuen Bedingungen, Aufbau von Werkstätten und Kampf mit dem Hunger. Im Augenblick ist unsere größte Not das *vollständige* Fehlen ausländischer Literatur, die wir seit Anfang 1917 eingebüßt haben. Und meine erste und größte Bitte an Dich ist deshalb, uns Zeitschriften und wichtige Bücher über Physik zu schicken. [79, S. 276]

Trotz dieser komplizierten Voraussetzungen gelang es zwischen 1918 und 1920, die Zahl der wissenschaftlichen Einrichtungen im Lande auf das 1,5fache gegenüber der Zeit vor 1917 zu steigern. Mehr als 40 wissenschaftliche Institute wurden neu eröffnet [129, Kap. I] – ein Fakt unter vielen, der wohl sehr eindeutig die Bemühungen der Sowjetregierung um die Wissenschaft belegt.

Die Länder der Entente hatten bekanntlich nach der Oktoberrevolution eine Blockade über Sowjetrußland verhängt, die auch die Wissenschaftsbeziehungen zum Ausland völlig unterbrach. Nach Aufhebung dieser Blockade Anfang 1920 begann die Sowjetregierung, die internationalen Kontakte wieder anzuknüpfen, und Nemenov war im Herbst 1920 einer der ersten Wissenschaftler, die nach Deutschland und Frankreich fuhren (vgl. [131, S. 162f.]); u. a. nahm er in Bad Nauheim an der Versammlung Deutscher Naturforscher und Ärzte teil. Im Dezember 1920 wurde vom Narkompros beschlossen, baldmöglichst eine Wissenschaftlergruppe ins Ausland zu schicken, zu der unter anderen Ioffe, Krylov, Roždestvenskij und der junge Kapica gehören sollten.

Ioffe fuhr im Februar 1921 erstmals wieder ins Ausland. Unter den damaligen politischen Verhältnissen war der einzig mögliche Reiseweg über Reval (heute: Tallinn) in Estland; dort gab es Konsulate der verschiedenen Länder, die eventuell Visa für ihre Länder ausstellten. Die damalige Situation wird sehr deutlich aus Briefen an seine Frau; so schrieb er ihr aus Reval am 17. 2. 1921:

> Ich bin hier schon den 4. Tag und weiß überhaupt noch nichts über die weitere Reise. Das Visum für Holland ist verfallen; ich habe jetzt erneut an Lorentz telegraphiert. Aus der Schweiz wird die Antwort in 3 Tagen kommen, aus Deutschland in einer Woche. [133]

Und am 21. Februar:

Über mein weiteres Schicksal kann ich überhaupt noch nichts mitteilen – morgen oder übermorgen kommt die Antwort aus der Schweiz, und Ende der Woche aus Deutschland und Holland. Unterdessen habe ich in Reval eine öffentliche Vorlesung gehalten ... Heute habe ich euch endlich die erste Sendung geschickt: Kakao, Schokolade ... [133]

Schließlich erhielt Ioffe ein Visum für Deutschland und fuhr am 11. März 1921 von Reval mit dem Schiff bis Stettin und weiter nach Berlin. Sein wichtigstes Anliegen war, Geräte und Literatur für das Institut zu kaufen, und so teilte er beispielsweise am 30. März mit: „... habe ich bereits 391 Zeitschriften aus 3–5 Jahren und mehr als 300 Bücher bestellt" [67, S. 217]. Wie aus seinen Briefen weiter hervorgeht, hat er u.a. für etwa 2,5 Millionen Mark Geräte und Chemikalien eingekauft [133, Brief v. 1. 6. 1921]. Am 7. Mai kam Ehrenfest nach Berlin, am 11. Mai 1921 trug Ioffe im Kolloquium des Physikalischen Instituts der Berliner Universität über seine gemeinsamen Arbeiten mit Röntgen vor. Dort traf er u. a. mit Laue, Nernst und Planck zusammen. Er fuhr auch nach Dresden und München, wo er insbesondere Röntgen traf und mit ihm über die weitere Veröffentlichung früherer Ergebnisse sprach:

Meine liebe teure Zveruška! Da bin ich wieder in München, wo wir dereinst mit Dir waren. Ich fühle so sehr Deine Abwesenheit. ... Ich war bei Röntgen; er ist sehr gealtert. Seine Frau starb vor zwei Jahren, und das hat ihn völlig umgeworfen. ... Lebhaft wurde er nur, wenn von Physik die Rede war. Mir wurde ganz traurig zumute, wenn ich ihn ansah. Er freute sich sehr über mich und sah mich lange von allen Seiten an – er fand, daß ich mich überhaupt nicht verändert habe. ... Röntgen versprach, mir alle Unterlagen über unsere Arbeit für den Druck zu überlassen. ... Wahrscheinlich muß man dazu einiges ergänzen und zu Ende führen. [133, Brief v. 20. 5. 1921]

Im Juni fuhr Ioffe über Hamburg nach London. In England traf er u. a. mit den Braggs, Richardson, Rutherford und Thomson zusammen. „Die englischen Geräte sind 2–3 mal so teuer wie die deutschen, so werde ich hier fast nichts kaufen" [67, S. 225], schrieb er am 15. Juni 1921 aus London.

Aber auch das kulturelle Umfeld vergaß Ioffe auf seinen Reisen nicht. So lernte er in Berlin über Ehrenfest den bedeutenden Geiger Adolf Busch kennen, und aus London berichtete er nach Hause:

In London sah ich das Britische Museum mit den reichsten ägyptischen, afrikanischen, australischen, indischen Sammlungen der Welt. ... In der Nationalgalerie sind großartige Italiener (Boticelli), Gainsborov (sic!), Reynolds, Turner und viele andere. Wir waren auch im Zoologischen Garten ... [67, S. 224]

Über Leiden und Berlin fuhr Ioffe Ende Juli 1921 nach Petrograd zurück. Trotz diverser Schwierigkeiten – Besorgen der Visa, beschränkte Valutamittel für Gerätekäufe usw. – war die Reise äußerst erfolgreich gewesen, nicht nur für Ioffe persönlich (anerkannt wurde sein Einsatz nach der Rückkehr u. a. durch eine Gehaltserhöhung). Später resümierte er diese erste Auslandsreise nach der Oktoberrevolution folgendermaßen:

... waren wir Abgesandte und Anhänger eben der Sowjetmacht, gegen die die gesamte kapitalistische Welt, von den Sozialdemokraten bis zu den Reaktionären, zu Felde zog. ... Unter derartigen Bedingungen begaben wir uns nach einer längeren Periode der Isolation ins Ausland mit der Aufgabe, wissenschaftliche Verbindungen anzuknüpfen. In der Tat hatte ich einen schweren Anfang. Ich wollte das eben erst errichtete neue Radiuminstitut in Heidelberg besuchen. Aber es wurde von dem extremen Nationalisten und späteren Faschisten Philipp Lenard geleitet, der in mir einen Vertreter des Landes sah, das mit Deutschland Krieg geführt hatte, und ... lehnte er es ab, mit einem „Feind seines Vaterlandes“ zu sprechen ... Im Gegensatz zu ihm wurden wir von anderen Physikern auf das wärmste empfangen, was durch die aktive Hilfe unseres Freundes Ehrenfest vorbereitet worden war. Die deutschen Physiker gaben uns eine ganze Bibliothek von Büchern und Zeitschriften, die in den Jahren unserer Isolation herausgekommen waren.
Es waren drei Jahre vergangen seit Begründung der Sowjetmacht, die die ausländischen Zeitungen als Zerstörer der Kultur und Feind fortschrittlicher Gelehrter darstellten. Aber in unseren Personen standen vor der westlichen Welt von früher bekannte Physiker, die erzählten, wie in diesen drei Jahren die wissenschaftliche Tätigkeit sich entwickelt und wie die Sowjetmacht neue physikalische Institute errichtet hatte. Die ausländischen Physiker erfuhren von Dutzenden physikalischer Untersuchungen und von dem stürmischen Wachsen der sowjetischen Kultur. [109, S. 139f.]

Auf Beschluß des Rates der Volkskommissare wurde am 22. 3. 1921 ein Büro für ausländische Wissenschaft und Technik (BINT) der Wissenschaftlich-Technischen Abteilung des Obersten Volkswirtschaftsrates mit Sitz bei der Wirtschaftsvertretung der RSFSR in Berlin eröffnet. Es sollte neueste Publikationen und Ergebnisse von Naturwissenschaften und Technik (des westlichen

Auslandes überhaupt) erfassen, sich dem Publikationsaustausch und der Vermittlung von Kontakten widmen. Bereits im Vorfeld dieser Gründung hatte Albert Einstein an den Mineralogen Prof. N. M. Fedorovskij, der mit Ėjchenval'd die Gründung dieses Büros in Berlin vorbereitete, geschrieben:

> Ich grüße die russischen Kollegen herzlich und verspreche, alles zu tun, was in meinen Kräften steht, um die Verbindungen zwischen den hiesigen und den russischen Wissenschaftlern herzustellen und zu erhalten. [131, S. 177]

Trotz eigener Probleme bei der Überwindung der Nachkriegsfolgen waren viele deutsche Wissenschaftler bereit, ihre russischen Kollegen zu unterstützen, wobei natürlich auch die Tatsache eine Rolle spielte, daß Deutschland als kriegsgeschlagener imperialistischer Rivale ebenfalls international isoliert war. Umgekehrt gründeten die sowjetischen Wissenschaftler im Inflationsjahr 1923 ein Hilfswerk für deutsche Gelehrte, um sie vor den ärgsten Inflationsfolgen zu bewahren. Der Rapallo-Vertrag vom 16. April 1922 eröffnete auch für die Wissenschaft geregeltere Grundlagen der Zusammenarbeit zwischen Deutschland und Sowjetrußland.

Ende April 1922 fuhr Ioffe erneut über Reval nach Berlin, dann weiter nach München, Göttingen, Hamburg, Leiden. Am 22. Mai schrieb er nach Hause: „Gestern und heute war ich bei Einstein, der mich sehr warm empfing; ich sprach mit ihm fast ausschließlich über Physik" (zit. nach [67, S. 231]). Es war das erste persönliche Treffen zwischen Einstein und Ioffe. Einstein schrieb einen Tag später an Ehrenfest, der die Begegnung vermittelt hatte:

> Gestern verbrachte ich den ganzen Abend mit dem prächtigen Ioffe, wobei wir streng Deinem Programm folgten ... Seine Forschungen zur elektrischen Leitfähigkeit der Kristalle interessieren mich sehr. [69, S. 101]

Von nun an trafen sie sich regelmäßig, bis diese Kontakte infolge des Machtantritts des Faschismus und Einsteins Emigration unterbrochen wurden (vgl. auch [71]). Einstein war allerdings nie in der Sowjetunion, obwohl er sich in jenen Jahren sehr für die russischen Wissenschaftler einsetzte, z. B. als aktives Mitglied der „Gesellschaft der Freunde des neuen Rußland". Auch Ehrenfest war mehrfach zu Treffen nach Berlin gekommen.

In München arbeitete Ioffe vor allem mit Röntgen an der Vorbereitung weiterer Veröffentlichungen ihrer früheren Ergebnisse

zur Elektrizitätsleitung in Kristallen. Die drei wesentlichen Artikel dazu erschienen 1913, 1921 und 1923 (vgl. [98; 99]). Als Röntgen im Jahr darauf starb, würdigte Ioffe ihn mit warmen Worten und gedachte auch später bei entsprechenden Gelegenheiten seines Lehrers (vgl. z.B. [48, S.411–421]).
Die physikalischen Diskussionsrunden im Restaurant gab es noch immer, wie er erfreut berichtete; er traf Sommerfeld, Wien und Kasimir Fajans, und da blieb wenig Zeit für die anderen Schönheiten Münchens. „Aber gestern war ich mit Wagner in einem Konzert mit Serkin ...“ [67, S.232], schrieb er am 28.Mai. In Göttingen erlebte Ioffe im Juni Niels Bohr in seinem berühmten Vorlesungszyklus über die neue Atomtheorie, der als „Bohr-Festspiele“ in die Wissenschaftsgeschichte einging. Ioffe berichtete in einem Brief vom 23.Juni 1922 an seine Frau:

Jeden Tag, abgesehen von den 2–3stündigen Vorlesungen Bohrs, lud mich einer der ortsansässigen Professoren ein, und in diesen Einzelgesprächen hatte ich Gelegenheit, mich über alle mich besonders interessierenden Fragen mit den entsprechenden Physikern zu unterhalten. Die neue Theorie Bohrs, die er darstellte, ist sehr überzeugend. Er schuf nicht nur ein Schema, sondern bezieht alle unsere Kenntnisse über die Natur ein. Bohr ist ein erstaunlich tiefer und klarer Geist, ein wenig verschlossen und bis zur Unwahrscheinlichkeit schüchtern und vorsichtig in den Urteilen, so daß man aus dem Gespräch sehr viel nicht heraussträgt. ... Über die Bohrsche Theorie schreibe ich an Nik Nik[1] ausführlich ... (zit. nach [67, S.233f.])

Von Mitte Juni bis Ende August war Ioffe in England, Mitte September kehrte er nach Petrograd zurück. Diese beiden großen Auslandsreisen Ioffes waren für die weitere Entwicklung des Physikalisch-Technischen Instituts sowie für die Physik in Sowjetrußland insgesamt sehr bedeutsam. Wichtige Verbindungen zu den führenden Personen und Zentren der Physik in der Welt waren wiederhergestellt oder neugeknüpft worden; das Petrograder In-

[1] Gemeint ist Nikolaj Nikolaevič Semenov. Jener beschäftigte sich damals mit der Magnetfeldwirkung auf paramagnetische Teilchenstrahlen (heute als Stern-Gerlach-Versuch zum Nachweis der Richtungsquantelung bekannt). Ioffe hatte Semenov über den Stand der Experimente von O. Stern und W. Gerlach informiert und schrieb im genannten Brief an seine Frau: „Übermittle ihm bitte, daß Gerlach mit Silber und Kadmium arbeitet. Es wäre sehr interessant, wenn Nik Nik es mit Quecksilber und Nickel machen würde.“ [67, S.234]

stitut hatte dringend benötigte Geräte und Ausrüstungsgegenstände bekommen, und die Versorgung mit der notwendigen Literatur war weitgehend gesichert worden.[1]
Auf dem dritten Allrussischen Physikerkongreß in Gorki wurde Ioffe am 21. September 1922 in Abwesenheit zum Vorsitzenden der russischen Physikerassoziation gewählt; diese Wahl sollte sich für die weitere Arbeit der Assoziation als sehr fruchtbar erweisen.
1923 fuhr Ioffe nicht ins Ausland – vor allem die in Deutschland galoppierende Inflation ließ eine solche Reise wenig erfolgversprechend erscheinen. Doch Anfang 1924 finden wir Ioffe dann auf zwei wichtigen Konferenzen in Holland und Belgien. Es handelte sich um den 1. Internationalen Kongreß für angewandte Mechanik in Delft und insbesondere um den 4. Solvay-Kongreß in Brüssel, für den ihm Ehrenfest im Auftrage von H. A. Lorentz im Mai 1923 eine Einladung geschickt hatte [79, S. 167]. Die Solvay-Kongresse, von dem Chemiker und Industriellen Ernst Solvay im Jahre 1911 ins Leben gerufen, sollten dazu beitragen, aktuelle Probleme der Physik zu lösen, indem jeweils ca. 25 der führenden Physiker eingeladen wurden, um zu einem vorgegebenen Thema zu diskutieren; die Kongresse fanden im Abstand von drei Jahren statt.
Für 1924 war als Thema „Elektrische Leitfähigkeit von Metallen" vorgegeben, und unter der Präsidentschaft von Lorentz versammelten sich vom 24.–29. April H. E. G. Bauer (Strasbourg), W. H. Bragg (London), P. W. Bridgman (Cambridge/Mass.), M. und L. Brillouin (Paris), W. Broniewski (Warschau), M. Curie (Paris), P. Debye (Zürich), E. H. Hall (Cambridge/Mass.), G. de Hevesy (Kopenhagen), A. Ioffe (Leningrad), H. Kamerlingh-Onnes (Leyden), H. W. Keesom (Leyden), M. Knudsen (Kopenhagen), P. Langevin (Paris), F. A. Lindemann (Oxford), O. W. Richardson (London), W. Rosenhain (Teddington), E. Rutherford (Cambridge), E. Schrödinger (Zürich), E. van Aubel (Ghent), J. E. Verschaffelt (Ghent) sowie Th. de Donder, E. Henriot, A. Piccard von der Universität Brüssel. Die Diskussionen auf der Konferenz machten

[1] Ähnliches gilt es für die Reisen von Roždestvenskij und Krylov zu sagen. Hauptanlaufpunkt für Roždestvenskij war beispielsweise der Spektroskopiker Friedrich Paschen in Tübingen; Ehrenfest vermittelte auch hier viele weitere Treffen in verschiedenen Städten Deutschlands, Hollands und Schwedens.

deutlich, daß mit den Methoden der klassischen Physik eine umfassende Beschreibung der Eigenschaften der Materie und insbesondere auch des Phänomenes der metallischen Leitung nicht möglich ist. Ioffe sprach dort über seine Arbeiten zu den elektrischen Eigenschaften der Kristalle (resümiert in [119, S. 126]). In einem weiteren Beitrag berichtete er über ein mit N. I. Dobronravov durchgeführtes Experiment zur Bestätigung der Einsteinschen Lichtquantenhypothese [101].

In Delft hatte Ioffe über den Einfluß von Oberflächendefekten auf die mechanische Festigkeit von Kristallen vorgetragen [100]; an diesem Kongreß hatten 12 russische Physiker teilgenommen, darunter auch Fridman und Krylov.

Die Einladung zum Solvay-Kongreß belegt mit aller Deutlichkeit, daß Ioffe nun zu den international anerkannten und geachteten Physikern gehörte. In der Pravda vom 20. Juli 1924 berichtete Ioffe über diese Reise:

> In bezug auf die UdSSR gelang es nicht nur, engen persönlichen Kontakt herzustellen, sondern auch solche wissenschaftlichen Verbindungen zu knüpfen, daß die russischen wissenschaftlichen Arbeiten in den allgemeinen Strom der internationalen Wissenschaft einfließen. [7]

Physik als Grundlage der Technik

Bereits in seinem Bericht vom August 1921 über die durchgeführten Arbeiten umriß V.R.Bursian, damals wissenschaftlicher Sekretär der Physikalisch-Technischen Abteilung und später des Instituts, das angestrebte Tätigkeitsprofil folgendermaßen:

Die wissenschaftlichen Aufgaben ... kann man um eine allgemeine Idee gruppieren: die Erforschung der Struktur der Materie. Diese Bestimmung ist natürlich sowohl viel zu breit als auch gleichzeitig viel zu schmal, denn einerseits kann man unter diesem Begriff fast alles anführen, was sich gegenwärtig Physik nennt, ... andererseits zeigte sich, daß viele Arbeiten mehr technischen Charakters ... keine direkte Verbindung mit der gestellten Aufgabe haben. Der vorliegende knappe Überblick stellt sich das Ziel zu zeigen, auf welche Weise sich die PTA bemüht, nicht nur einen für die Entwicklung der reinen Wissenschaft allgemein anerkannten Nutzen zu erbringen, sondern durch Erfüllung praktisch-technischer Aufgaben auch unmittelbar staatliche Aufgaben unterstützt, indem nicht nur die wissenschaftlichen, sondern auch die wissenschaftlich-technischen und technischen Fragen vernünftig begrenzt werden und sich bei der Bearbeitung auf dem Wege zum endgültigen Ziel treffen.
In der Tat tritt die Verbindung zwischen reiner Wissenschaft und den Erfordernissen des Lebens – möglicherweise – höchst klar bei dem Versuch hervor, die wissenschaftliche Arbeit in etwas größerem Maßstab planmäßig zu organisieren. [87, S. 21f.]

Diese frühen Bemerkungen über die Aufgabenplanung eines wissenschaftlichen Forschungsinstitutes sind doch recht bemerkenswert und machen deutlich, daß Ioffe und seine Mitarbeiter von Anfang an ziemlich klare Vorstellungen davon hatten, welche Aspekte bei der Leitung einer solchen Einrichtung künftig eine stärkere Rolle spielen müßten, wenn man den neuen gesellschaftlichen Anforderungen gerecht werden wollte. An Ioffes Rede zur Eröffnung des neuen Institutsgebäudes 1923 erinnerte sich Semenov:

Er entfaltete vor uns das Bild der gegenwärtigen Weltwissenschaft, zeigte die riesigen neuen Probleme der Physik auf – sowohl theoretische als auch angewandte. Es sei unentbehrlich, daß unsere sowjetische Physik erstarke und sich schnell entwickele. Aber dafür müsse man völlig neue

9 a) Hauptgebäude des Physikalisch-Technischen Instituts. Im linken Flügel befand sich die Wohnung Ioffes
b) Büste A.F.Ioffes im Vorgarten des Hauptgebäudes (Aufnahmen 1984)

Wege und Ideen suchen, ... Hier zeigte er zugleich die reiche Palette dieser neuen möglichen Ideen und Methoden, die er in den Plänen des Instituts reflektieren wollte. Er sprach über die Erfordernisse des aktiven Einflusses der Physik auf die verschiedenen Gebiete der Technik, über die historische Mission der Physik bei der Entfaltung der Industrie, über die Grundidee der Organisation des Physikalisch-Technischen Instituts selbst, und er schloß damit, daß unsere Physik nicht abstrakt sei – wenn sie auch tief theoretisch werden wird, wird sie doch gleichzeitig ingenieurmäßig wirksam werden ... [65, S. 350f.]

Tafel 1

Organisationsstruktur des Leningrader Physikalisch-Technischen Instituts per 1. August 1923 (nach [67, S. 253])

Institutsdirektor	– A.F. Ioffe (Physik)
Stellv. Institutsdirektor	– A.A. Černyšev (Elektrotechnik)
wiss. Sekretär	– V.R. Bursian (theor. Physik)
Gehilfe des Direktors in Wirtschaftsfragen	– N.N. Semenov (physikal. Chemie) (ab September 1924 I.V. Obreimov)

I. *Physikalische Abteilung* (A. F. Ioffe)	
1. Laboratorium für Elektronenphänomene	– N.N. Semenov
2. Laboratorium für Molekularphysik	– I.V. Obreimov (Physik)
3. Laboratorium für Wärmetechnik	– M.V. Kirpičev (Wärmetechnik)
4. Kabinett für theoretische Physik	– V.R. Bursian
II. *Technische Abteilung* (A. A. Černyšev)	
1. Laboratorium für elektromagnetische Wellen	– L.S. Termen (Radiotechnik)
2. Elektrovakuum-Laboratorium	– J.R. Šmidt (Physik)
3. Laboratorium für Röntgenstrahlen	– N.J. Seljakov (Physik)
4. Laboratorium für Röntgenographische Analyse	– M.M. Glagolev (Physik)

wiss. Mitarbeiter (Auswahl): A. N. Bojko, J. B. Chariton, N. I. Dobronravov, J. G. Dorfman, J. I. Frenkel', G. A. Grinberg, P. L. Kapica (seit 1921 in England), V. N. Kondrat'ev, P. I. Lukirskij, K. F. Nesturch, A. F. Val'ter.
Ende 1923 kamen u.a. hinzu: A.P. Konstantinov, D.A. Rožanskij, L.V. Šubnikov
1924 kamen u. a. hinzu: E. V. Cechnovicer, V. A. Fok, B. M. Gochberg, D. V. Skobel'cyn, A. I. Šal'nikov, A. K. Val'ter.

Waren Anfang 1919 20 wissenschaftliche Mitarbeiter in der PTA beschäftigt, so waren es 1923 bei Übersiedlung des LPTI in das neue Gebäude 65 Mitarbeiter, davon 33 Wissenschaftler [95, S. 8]. Die Struktur des LPTI zu dieser Zeit ist in Tafel 1 wiedergegeben. Ein Leitungsprinzip Ioffes, das mit traditionellen Vorstellungen brach, war die gemeinsame Beratung der Aufgaben, und so wurde der Institutsrat von Anfang an zu einem wichtigen Leitungsgremium (vgl. z. B. die Niederschrift über die Organisationsstruktur des Instituts vom 7. Juli 1924 [87, S. 48]).

Zur Verbesserung der Organisation der wissenschaftlichen Arbeit am Institut legte der Institutsrat am 16. April 1926 eine Reihe von Maßnahmen fest, die Ioffe in seiner weiteren Leitungstätigkeit auch straff realisierte:

1) regelmäßige Arbeitsrunden der Mitarbeiter mit dem Direktor und den Laboratoriumsleitern; 2) die Mitarbeiter legen den Laboratoriumsleitern wöchentlich Bulletins über den Fortgang der Arbeiten vor; 3) die Leiter legen dem Direktor monatlich Zusammenstellungen über die Arbeit in den Laboratorien vor; 4) Erörterung jener Arbeiten im Rat; 5) Weiterführung referierender Versammlungen. [87, S. 51]

Das mag auf den ersten Blick etwas formal erscheinen, doch Obreimov wie auch andere erinnern sich,

daß es leicht war, unter der Leitung von A. F. Ioffe zu arbeiten. Sehr leicht und angenehm. Als Direktor war er eine Instanz, doch nicht wie ein Wächter, sondern als ein teurer Freund, der die Leute bereits beim ersten Wort sehr gut verstand. [83, S. 43]

1924 erhielt die Physikalische Abteilung noch das Laboratorium für allgemeine Physik, das Ioffe leitete und in dem Probleme der Materialfestigkeit, von speziellen Akkumulatorenkonstruktionen sowie der elektrischen und fotoelektrischen Eigenschaften von Isolatoren im Mittelpunkt standen. Diese Themen hingen mit Fragestellungen zusammen, die aus der Realisierung des auf Initiative Lenins auf dem VIII. Gesamtrussischen Sowjetkongreß im Dezember 1920 angenommenen GOELRO-Planes zur Elektrifizierung des Landes – des ersten staatlichen Perspektivplanes zur Volkswirtschaftsentwicklung – resultierten.

In jenen Jahren hatte das Institut zur Unterstützung der Volkswirtschaft auch die Produktion einiger spezifischer wissenschaftlicher Ausrüstungen aufgenommen, so Röntgenapparate, einige Typen von Elektronenröhren und Bauteile für Vakuumanlagen.

Ioffes eigene Forschungsarbeiten knüpften in jenen Jahren zunächst vor allem an seine früheren Arbeiten zur Kristallphysik an. Eine seiner ersten Forschungsarbeiten am neuen Institut war 1919 das Studium der plastischen Verformung von Einkristallen. Dies führte zur Entdeckung des sogenannten Asterismus (radiale streifenförmige Schwärzungen im Laueschen Röntgenbeugungsdiagramm, hervorgerufen durch Reflexion der Röntgenstrahlen an den gebogenen Netzebenen des Kristalls). Die erste Veröffentlichung von Ioffe und Kirpičeva darüber erschien 1922 durch Vermittlung Rutherfords im Philosophical Magazine [46, I, S. 150–152] und enthielt eine vollständige theoretische Interpretation dieser Erscheinung. Die Erforschung der plastischen Verformung mit Hilfe der Röntgenstrukturanalyse führte direkt zu Arbeiten über die Festigkeit von Festkörpern. Die damalige Kristalltheorie lieferte wesentlich höhere Festigkeitswerte als im Experiment nachweisbar (z. B. für die Zerreißfestigkeit fast um den Faktor 10^2 höher). Diesen scheinbaren Widerspruch klärte Ioffe auf, indem er zeigte, daß beim realen Kristall sekundäre Effekte den theoretischen Wert erheblich herabsetzen. Die Erhöhung der Festigkeit von realen Festkörpern infolge Beseitigung von Oberflächendefekten durch Ablösen (von Ioffe und Levickaja u. a. am Steinsalz untersucht [46, I, S. 201–208]), wird manchmal als Ioffe-Effekt bezeichnet und hat auch für die Technik Bedeutung. Die Weiterführung dieser Arbeiten durch Mitarbeiter und Schüler brachte u. a. 1933 die Theorie und die Entwicklung defektfreier Quarz- und Glasfäden mit hoher Festigkeit durch A. P. Aleksandrov und S. N. Žurkov.

Insbesondere nach 1920 wandte sich Ioffe den elektrischen Eigenschaften dielektrischer Kristalle zu. Dies war in gewissem Sinne eine Fortsetzung seiner Münchener Versuche zur Änderung der Leitfähigkeit dielektrischer Kristalle bei Bestrahlung. Mit seinen Mitarbeitern leistete er in den folgenden Jahren wichtige Beiträge zur Aufklärung des Mechanismus der Stromleitung in Dielektrika. Großen Umfang nahmen Forschungen zur Temperaturabhängigkeit der Elektrizitätsleitung in Kristallen ein. Forschungen zur Hochspannungspolarisation der Dielektrika führten ihn schließlich zur Theorie der Durchschlagsfestigkeit von Isolatoren und darauf fußend zu einer wesentlichen Steigerung der Festigkeit von Isolierungen in der Starkstromtechnik.

Anerkennend schrieb der Hamburger Physiker Pascual Jordan:

Eine Reihe von Arbeiten russischer Physiker, insbesondere A. F. Joffés, über die elektrische Durchschlagsfestigkeit von Dielektrizis haben in jüngster Zeit zu Ergebnissen geführt, die nicht nur wissenschaftlich größte Beachtung verdienen, sondern auch technisch zu Folgerungen von kaum zu übersehender Tragweite führen dürften [110, S. 460],

und resümiert dann die entsprechenden Arbeiten Ioffes sowie seiner Mitarbeiter V. A. Fok, I. V. Kurčatov, N. N. Semenov, K. D. Sinel'nikov, A. F. Val'ter u. a. sehr ausführlich.
In der Monographie über Kristallphysik, die 1928 bei McGraw-Hill in den USA erschien [102], faßte Ioffe die von ihm und seinen Mitarbeitern gewonnenen Ergebnisse der letzten ca. 25 Jahre zusammen. Die Bedeutung dieses Buches besteht u. a. darin, daß hier unter Zuhilfenahme der Bohrschen Atomtheorie (1913) und der Bornschen Kristallgittertheorie (1915/1923) eine Reihe von mechanischen und elektrischen Phänomenen im festen Körper im wesentlichen noch auf der Grundlage der klassischen Theorie überzeugend erklärt wird – die eigentliche Theorie des Festkörpers wurde dann ja erst mittels der Quantenmechanik möglich. J. I. Frenkel' schrieb in seiner Rezension:

Man weiß nicht, worüber man mehr staunen soll: ob über die Breite des Betrachteten und die hohe Planmäßigkeit dieser Forschungen, ihren Pioniercharakter, diese Einfachheit und Klarheit, mit der sie in scheinbar hoffnungslos verwirrte Fragen führten, oder schließlich Scharfsinn und Eleganz der angewandten Methoden. [74, S. 400]

Ähnlich äußerte sich der amerikanische Physikochemiker G. N. Lewis in seiner Einführung zu Ioffes Buch, als er schrieb:

... und in dieser Verjüngung eines alten Problems mit Hilfe aller modernen Hilfsmittel von Theorie und Praxis wird unsere Bewunderung geteilt zwischen den sinnreich ausgedachten Methoden und dem technischen Geschick, das sich in ihrer Anwendung zeigt. [102, S. XI]

Seine reichen Erfahrungen in der experimentellen Methodik vermittelte Ioffe 1929 durch die Herausgabe eines Handbuches über physikalische Experimentiertechnik, das vor allem durch seine Mitarbeiter V. S. Gorskij, V. N. Kondrat'ev, K. D. Sinel'nikov, P. S. Tartakovskij, É. P. Chalfin und A. I. Šal'nikov verfaßt worden war. Dabei war keine Gesamtdarstellung beabsichtigt, sondern die Auswahl orientierte sich an den Erfahrungen und Aufgabenstel-

lungen des Leningrader Physikalisch-Technischen Instituts und hebt sich von anderen Darstellungen u. a. dadurch ab, daß versucht wurde, „die Bedingungen heutiger wissenschaftlicher und Fabriks-Laboratorien" [94, S. V] zu berücksichtigen.
Ende 1924 wurde unter Ioffes Leitung das Zentrale Physikalisch-Technische Laboratorium (PTL) gegründet, das bald in das Physikalisch-Technische Institut integriert wurde (und 1930 darin aufging). Diese Gründung stand im Zusammenhang mit den Bemühungen Ioffes um die Einrichtung von Industrielaboratorien; dadurch sollte die Arbeit der Industrielaboratorien angeleitet, unterstützt und koordiniert werden. Die Kopplung von PTL und LPTI hatte vor allem inhaltliche Gründe, aber auch finanzielle; während das LPTI dem Narkompros der RSFSR zugeordnet war, das sich zwar sehr bemühte, dessen finanzielle Möglichkeiten aber doch beschränkt waren, unterstand das PTL dem Obersten Volkswirtschaftsrat der UdSSR, was doch etwas günstigere Bedingungen ermöglichte. Im Vorfeld der Gründung des PTL hatte Ioffe am internationalen Vergleich deutlich gemacht, worum es ihm ging:

Eine enge Verbindung von Wissenschaft und Technik ist unter diesen Bedingungen [„des aufblühenden neuen Lebens" – H.K.] besonders notwendig und nützlich. Die besseren Betriebe der technisch entwickelten Länder – Amerika, England, Holland, Deutschland organisierten unter Berücksichtigung der Möglichkeiten, die die heutigen Methoden physikalischer Forschung bieten, innerhalb ihrer Einrichtungen wissenschaftlich-technische Forschungslaboratorien, und beispielsweise arbeiten in den Laboratorien von „Western Electric" 1750 Personen und von „General Electric" 1000 Personen usw. Andererseits entfalteten auch die staatlichen Institute in dieser Richtung ihre Tätigkeit sehr breit. ... Und das Resultat liegt bereits vor. Die heutige technische Literatur und teilweise auch das Leben zeugen davon bei jedem Schritt. An erster Stelle steht in dieser neuen Richtung die Physik. [87, S. 46]

Natürlicherweise standen auf dem IV. Physikerkongreß vom 15.–20. September 1924, den Ioffe in Leningrad organisierte und an dem 624 Physiker teilnahmen, neben aktuellen Problemen der physikalischen Forschung Fragen der engeren Verbindung von Physik und Industrie im Vordergrund der Diskussion. Als ausländischen Teilnehmer konnte man Ehrenfest begrüßen, der einen viel beachteten Vortrag über die neuen Entwicklungen in der Quantentheorie hielt. Ehrenfest verfolgte die Debatten sehr aufmerksam, vor allem auch jene um die weitere Orientierung der physikalischen Forschung in der Sowjetunion. Bei der Suche nach neuen Ansatzpunkten, um aus den dringend notwendigen praktischen Arbeiten geeignete Forschungsthemen abzuleiten, gab es manche Skepsis, aber auch manche sicher wohlgemeinte, doch die notwendigen Bedingungen der Gesamtentwicklung verkennende Blüte. Die „Večernaja Krasnaja Gazeta" vom 17. 9. 1924 zitierte Ehrenfests prinzipielle Äußerung zu dieser Diskussion:

Jetzt jedoch schaue ich mit einiger Sorge auf die Zukunft der russischen Physik. Mich beunruhigt hauptsächlich das Bestreben, ihr eine rein praktische Ausrichtung zu geben. Aus diesem Anlaß verweise ich auf folgendes: während meines Aufenthaltes in Amerika fragte man mich dort, auf welche Weise man in Deutschland und Holland (wo ich arbeite) so schnell und in vielen Fällen so genial auf viele praktische Erfordernisse eine Antwort findet ... Darauf konnte ich natürlich nur antworten, daß dies eine Folge der Achtung sei, die man in diesen Ländern der Entwicklung des rein theoretischen Wissens und an erster Stelle der Mathematik entgegenbringe. Menschen, die die Theorie völlig beherrschen, können für entstehende Fragen eine Lösung angeben. Deshalb lassen Sie mich hoffen, daß man auch in Sowjetrußland auf dem Wege einer harmonischen Entwicklung beider Richtungen, der rein theoretischen wie der praktischen, fortschreiten wird. (zit. nach [69, S. 88])

Die Zeitung vermerkte auch, daß diese Diskussionsbemerkung vom Auditorium viel Beifall erhielt, weil sie die Meinung vieler Teilnehmer ausdrückte. Heute sprechen wir in diesem Zusammenhang von der Einheit zwischen erkundender Grundlagenforschung und angewandter Forschung, und das war auch das, was Ioffe vorschwebte.

Ehrenfest verfolgte weiterhin die Entwicklung der Physik in der Sowjetunion mit großer Anteilnahme, bat Ioffe um Informationen und gab Ratschläge. Auf dem genannten Kongreß hatte er auch eine kleine Gruppe junger Theoretiker kennengelernt – Ioffe hatte die Bedeutung der theoretischen Physik von Anfang an nicht unterschätzt und bemühte sich nach Kräften, die von Ehrenfest vor der Revolution in Petersburg geschaffenen Ansätze fortzuführen – und er setzte sich in den folgenden Jahren dafür ein, daß einige von ihnen über die Rockefeller-Foundation und den Lorentz-Fonds Auslandsstipendien erhielten, um an den führenden theoretischen Zentren Westeuropas ihre Kenntnisse vervollkommnen zu können, darunter V. A. Fok (1927/28), J. I. Frenkel'

10 Auf dem IV. Physikerkongreß in Leningrad 1924, von links nach rechts: I. V. Obreimov, P. S. Ehrenfest, N. N. Semenov, A. F. Ioffe, A. A. Černyšev

(1925/26), L. D. Landau (1929/30), I. E. Tamm (1926; er kam aus der Moskauer Schule um L. I. Mandel'štam).
Im Dezember 1924 wählte die Russische Akademie der Wissenschaften Ehrenfest zu ihrem korrespondierenden Mitglied. Im Wahlvorschlag schrieben Ioffe und Lazarev u. a.: „Insbesondere spielte P. S. auch in Rußland eine sehr große Rolle. Man kann ihn als Begründer der gegenwärtigen Schule der theoretischen Physik ansehen ..." [8, S. 462]. Gleichzeitig wurden auch die ausländischen Physiker Aston, Bauer, Bohr, Born, Cohen, Debye, Fajans, Guillaume, Langevin, Laue, Michelson, Millikan und Soddy zu korrespondierenden Mitgliedern gewählt; rund die Hälfte der Wahlvorschläge wurde von Ioffe formuliert. Einstein war bereits seit 1922 korrespondierendes Mitglied, der Wahlvorschlag war von Ioffe, Lazarev und Steklov unterzeichnet.
Im Juli 1925 trat Ioffe erneut eine größere Auslandsreise an, die ihn u. a. nach Berlin, Göttingen, Hannover, Leiden, Amsterdam, Eindhoven, Prag, Paris führte, und schließlich erhielt er diesmal auch ein Visum für die USA[1], wo er sich von Ende Dezember

[1] Zahlreiche europäische Länder hatten 1924 diplomatische Beziehungen mit der UdSSR aufgenommen, darunter Großbritannien, Schweden, Dänemark, Frankreich; die USA konnten sich erst 1933 dazu entschließen.

1925 bis Februar 1926 aufhielt. Wiederum gab es die vielfältigsten wissenschaftlichen Kontakte. Er hielt Vorträge, traf Einstein, Planck, Nernst, Meitner, Born, Pringsheim, Pohl, Ehrenfest natürlich, Kamerlingh-Onnes, Langevin, Curie und viele andere. Das wichtigste war diesmal aber der Besuch von Industrielaboratorien; so war er im Siemens-Laboratorium in Berlin, bei Telefunken, in der Physikalisch-Technischen Reichsanstalt und auch in den Philipps-Laboratorien in Eindhoven, worüber er am 8. 11. 1925 aus Berlin an seine Frau schrieb:

Ich sah viele interessante Arbeiten, wie sie mit der Produktion verbunden sind, und viel Nützliches sah ich für die Organisation des PTL. Aber als wichtigstes sah ich, daß mit dem Akkumulator bei ihnen noch nichts lief. Ich selbst habe darüber keinen einzigen Ton gesagt. [133]

Über seinen USA-Aufenthalt berichtete er in der Izvestija:

Meine Reise nach Amerika verfolgte zwei Ziele. Erstens Vorträge über die wissenschaftliche Arbeit in der UdSSR zu halten, die Leistungen auf dem Gebiet der Physik darzustellen und mit der Arbeit des Physikalisch-Technischen Instituts bekanntzumachen. Zweitens die amerikanischen Versuche zu studieren, die Forschungsarbeit mit ihrer Anwendung in der Industrie zu verbinden. [81]

In die USA wurde Ioffe von Dorfman begleitet. Die Visa erhielten sie vom Konsulat der USA in Berlin; natürlich mußten sie darauf längere Zeit warten – Ioffe hatte den Antrag bereits im Sommer gestellt – und Dorfman war noch gut einen Monat vor der Abreise in Berlin. So hatte er Gelegenheit, Ioffe beim Umgang mit ausländischen Wissenschaftlern zu beobachten, das Berliner Physikalische Kolloquium zu besuchen und dgl. mehr.

Und ich konnte mit eigenen Augen sehen, mit welch großem Respekt sich alle Abram Fedorovič gegenüber verhielten und mit welchem Interesse sie jeder seiner Fragen oder Bemerkungen zu dem einen oder anderen Vortrag zuhörten. [83, S. 93]

Das erste Halbjahr 1927 war Ioffe erneut in den USA, diesmal auf Einladung des Massachussets Institute of Technology in Cambridge und der California-University in Berkeley, um Vorlesungen über Kristallphysik zu halten. Daraus ging dann die schon erwähnte Monographie zur Kristallphysik hervor, die er noch in den USA fertigstellte [102]. Anfangs fiel ihm das Vortragen nicht leicht, denn die englische Sprache beherrschte er nicht so gut wie die deutsche, aber „der zweite und dritte Vortrag liefen besser" (Brief vom 15. 1. 1927 zit. nach [67, S. 481]). Ioffe wurde Mitglied mehrerer amerikanischer wissenschaftlicher Gesellschaften, und am 11. Mai 1927 verlieh ihm die California-University die Ehrendoktorwürde. In der Begründung heißt es:

Ein Physiker, ausgezeichnet in gleicher Weise in der Theorie und im Experiment, erfahren in den mechanischen und elektrischen Eigenschaften der Kristalle, Entdecker effektiver Methoden der Isolierung von Hochspannungsströmen; Verehrer und Verteidiger der physikalischen Wissenschaften über Zeiten von Krieg, Revolution und Wiederaufbau hinweg. [83, S. 106]

Aus den USA kommend, machte Ioffe noch einmal in Berlin Station, um an der vom 19.–26. Juni 1927 stattfindenden Russischen Naturforscherwoche teilzunehmen,

wo mich nicht nur die Deutschen und Semaško [Volkskommissar für Gesundheitswesen, Delegationsleiter – H. K.] baten, dabei zu sein, sondern auch ein spezielles Telegramm von Ol'denburg [Sekretär der Akademie – H. K.] ... (Brief an V. A. Ioffe aus New York vom 1. 6. 1927 zit. nach [67, S. 495])

Auf dieser „Naturforscherwoche", getragen von der Notgemeinschaft der deutschen Wissenschaft und der Deutschen Gesellschaft zum Studium Osteuropas und wesentlich gestaltet durch die beiden Wissenschaftsakademien, gaben 18 namhafte sowjetische Naturwissenschaftler vor einem zahlreichen und interessierten deutschen Publikum einen Überblick über den Stand der sowjetischen Wissenschaft und ihrer praktischen Nutzung für den Aufbau der sozialistischen Gesellschaft (vgl. [127]).

Bereits 1924 war Ioffe korrespondierendes Mitglied der Göttinger Akademie der Wissenschaften geworden, am 21. 6. 1928 wurde er als korrespondierendes Mitglied in die Berliner Akademie der Wissenschaften aufgenommen. In dem von Nernst verfaßten Wahlvorschlag heißt es u. a., daß die Arbeiten zur Durchschlagsfestigkeit „theoretisch wie experimentell mit gleicher Meisterschaft durchgeführt" wurden, und Nernst fährt dann fort:

Herr Joffé hat es zugleich verstanden, trotz der vielfach sehr schwierigen äusseren Verhältnisse, unter denen er in seiner russischen Heimath arbeiten musste, nicht nur selber grosse Erfolge zu erzielen, sondern auch zahlreiche Schüler und Mitarbeiter heranzuziehen. [130, S. 249] [1]

Im Frühjahr und Spätherbst 1928, von Mai bis September 1929, im Winter 1930 sowie jeweils in den beiden Sommermonaten 1930, 1931 und 1932 war Ioffe wiederum auf Reisen in Westeuropa, wobei sein erstes Ziel immer Berlin war – nicht nur zwangsläufig wegen des Transits, sondern er hatte hier viele gute Bekannte. Das verdeutlicht anschaulich auch der Brief vom 25.6.1930 an seine Frau, als er in Berlin am Internationalen Energetiker-Kongreß teilgenommen hatte:

Heute endete die Konferenz. Ich nahm an ihr nicht besonders eifrig teil, und überhaupt ist ihr Hauptsinn ja, daß sich die Spezialisten aus aller Welt treffen. Heute habe ich aber in der hiesigen Universität einen Vortrag über die Arbeit von Kuta und Gochberg gehalten und von Kurčatov – die zweite ist noch wichtiger. Der Vortrag rief außerordentlich großes Interesse und lange Diskussionen hervor. Am Sonntag den 22. fuhr ich mit Laue in seinem Automobil nach Leipzig zu Debye – dort war eine Konferenz über Elektronen. Am Sonnabend war ich bei Planck (darüber schrieb ich dir schon), gestern bei Haber. An allen verbleibenden Abenden bin ich ebenfalls zwischen den Physikern aufgeteilt. Am Sonntag fahre ich zur Kur ... Ich bin hier von morgens bis spät abends besetzt, besonders zu Zeiten, wenn ich mich im Kreis der Physiker treffe. Morgen bin ich bei Pringsheim, am Freitag bei Frl. Meitner, am Sonnabend bei Plesch. (zit. nach [67, S. 499])

Den bekannten Berliner Arzt János Plesch hatte Ioffe durch Einstein, der bei ihm in Behandlung war, und Ehrenfest kennengelernt, und bald verband ihn mit Plesch, der einen sehr großen und weiten Bekanntenkreis von Wissenschaftlern und Künstlern hatte, eine dauerhafte Freundschaft – wenngleich sicher nicht so eng wie mit Ehrenfest und Wagner, die A. V. Ioffe als die einzigen wirklichen Freunde Ioffes bezeichnete. Plesch hatte Ioffe auch die Kur in Tirol in der ersten Augusthälfte 1929 verordnet. Pleschs Reflexionen über Ioffe geben eine recht gute Einschätzung seiner Gesamtpersönlichkeit und sind insofern von besonderem Interesse, weil es Beobachtungen eines Nichtphysikers sind:

---

[1] Aus Protest gegen den Hitlerfaschismus trat Ioffe am 15.11.1938 aus der Berliner Akademie aus, ebenso aus der Göttinger; die Wiederaufnahme der Mitgliedschaft in der Deutschen Akademie der Wissenschaften erfolgte am 14. 3. 1956. Unter verschiedenen weiteren Akademiemitgliedschaften sei noch die in der Leopoldina zu Halle (1958) genannt.

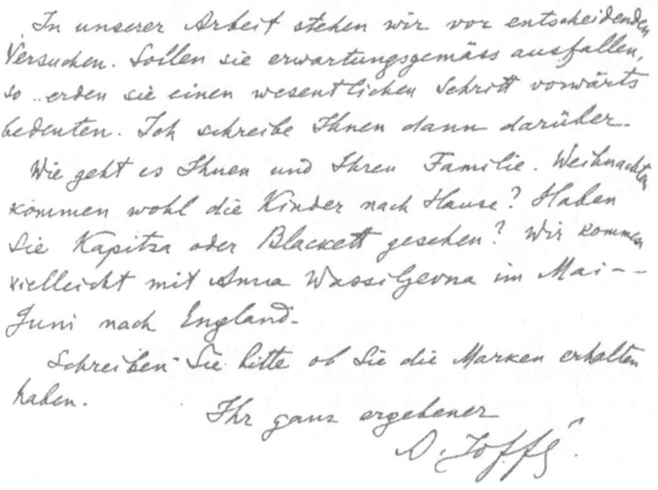

In unserer Arbeit stehen wir vor entscheidenden Versuchen. Sollen sie erwartungsgemäss ausfallen, so werden sie einen wesentlichen Schritt vorwärts bedeuten. Ich schreibe Ihnen dann darüber.

Wie geht es Ihnen und Ihren Familie. Weihnachten kommen wohl die Kinder nach Hause? Haben Sie Kapitza oder Blackett gesehen? Wir kommen vielleicht mit Anna Wassiljevna im Mai – Juni nach England.

Schreiben Sie bitte ob Sie die Marken erhalten haben.

Ihr ganz ergebener

A. Joffe

11 Auszug aus einem Brief von A. F. Ioffe an J. Plesch [134, vom 18. Dez. 1933]

Joffé ist Russe von Geburt. Als Mensch ist er gütig, herzlich, treu und bescheiden. Sein Geist arbeitet wie ein Yale-Schlüssel: denn wie dieser mit den einfachsten Mitteln das komplizierteste Schloß öffnet, so benutzt Joffé die einfachsten Gedanken, um komplizierteste Probleme zu lösen. Er ist einer der sachlichsten Denker, die ich getroffen habe. Es war mir stets ein hohes Erlebnis, wenn ich Joffé und Einstein zuhörte, wie sie miteinander über physikalische Erscheinungen diskutierten. Man hatte den unmittelbaren Eindruck, daß innerhalb des Bereiches menschlichen Denkens nichts so verwickelt ist, als daß es nicht jedem halbwegs Begabten verständlich gemacht werden könnte. Solche Gespräche erfolgten nie in wissenschaftlich-großtuerischer Geheimsprache, sondern in den alltäglichsten Worten und mit Beispielen aus dem Alltag …
Man würde glauben, daß bei einer derartigen Produktivität Joffé nur seiner Wissenschaft lebt. Weit entfernt davon ist er ein Lebenskünstler, der sich nie eilt, zu allem Zeit hat, niemals das geringste Zeichen der Ermüdung zeigt und sich niemals über zu viel Arbeit beklagt. Er läßt kein künstlerisches Ereignis unbeachtet, er liebt natürlich gute Bücher, doch er ist auch ein gründlicher Kenner der leichteren Ware – etwa von Conan Doyle oder Edgar Wallace. [121, S. 162 ff.]

Ioffes ausgedehnte Auslandsreisen hatten wesentlich zur Anerkennung der sowjetischen Physik im Ausland beigetragen. Zugleich brachte Ioffe nicht nur Literatur und Geräte mit nach Hause, sondern vor allem die neuesten Erkenntnisse aus den internationalen wissenschaftlichen Zentren, die er dann in entsprechende Aufgabenstellungen an seinem Institut umsetzte. Zum anderen bemühte sich Ioffe bei seinen Aufenthalten, für junge Wissenschaftler seines Instituts Gastarbeitsplätze ausfindig zu machen, um sie zur Weiterbildung dorthin zu schicken. Aus eigener Erfahrung wußte er, wie wichtig es für einen jungen Forscher ist, eine gewisse Zeit bei einem der international führenden Wissenschaftler seines Forschungsgebietes gearbeitet zu haben:

> Eine wichtige Form der wechselseitigen Verbindung ist die gegenseitige Delegierung junger Wissenschaftler für verhältnismäßig lange Zeit zur Forschungsarbeit an bedeutende ausländische Forschungszentren. ... Bereits zu Ende der zwanziger und zu Anfang der dreißiger Jahre wurden über 20 sowjetische Physiker für ein halbes Jahr bis zu zwei Jahren in große ausländische Laboratorien geschickt. Obgleich das Wissenschaftler waren, deren wissenschaftliche Interessen bereits spezialisiert waren, bereicherte die Arbeit auf anderen Gebieten nichtsdestoweniger ihre wissenschaftliche Methodik, was sich positiv auf ihre spätere Tätigkeit auswirkte. [109, S. 141]

So hatte Ioffe bereits 1921 den jungen Kapica an Rutherfords Laboratorium in Cambridge (England) vermittelt, wo er bis 1934 wirkte und sich zu einem der bedeutendsten Physiker unseres Jahrhunderts entwickelte (1928 kam auch Sinel'nikov für zwei Jahre nach Cambridge), brachte 1926 L. V. Šubnikov bei W. de Haas in Leiden unter, damit er in dessen Labor über einkristalline Metalle arbeiten könne, schickte 1928 Skobel'cyn nach Paris ins Radiuminstitut von Marie Curie, damit er sich die modernsten radioaktiven Forschungsmethoden aneigne, um nur einige Beispiele zu nennen. Wie bereits erwähnt, fand er in Ehrenfest vor allem Unterstützung für die jungen Theoretiker. Während seines USA-Aufenthaltes 1927 war Ioffe für General Electrics auch als Konsultant aufgetreten und hatte dafür einen größeren Dollarbetrag erhalten; diesen setzte er ebenfalls ein, um einigen seiner jungen Mitarbeiter Auslandsaufenthalte zu vermitteln, darunter A. N. Arsen'eva, V. N. Kondrat'ev, I. K. Kikoin und andere.

Die gewachsene internationale Anerkennung der sowjetischen Physik wie die persönliche Reputation Ioffes zeigte sich auch auf den Russischen Physikerkongressen der Jahre 1926, 1928 und 1930, deren inhaltliche Organisation wesentlich von Ioffe getragen wurde. Insbesondere an dem VI. Kongreß vom 4.–9. August 1928 in Moskau, der mit einer anschließenden mehrtägigen Wolgaschiffsreise und Plenarveranstaltungen in Nižnij Novgorod (Gorki), Kazan und Saratov verbunden war, nahmen mehr als 20 ausländische Physiker teil, darunter A. van Arkel (Eindhoven), Cz. Bialobzeski (Warschau), M. Born (Göttingen), L. Brillouin (Paris), P. Debye (Leipzig), P. Dirac (Cambridge/Engl.), Ph. Frank (Prag), R. Ladenburg (Berlin), G. Lewis (Berkeley), R. von Mises (Berlin), R. Pohl (Göttingen), P. Pringsheim (Berlin), O. W. Richardson (Cambridge/Engl.), K. Scheel (Berlin); Ehrenfest nahm nicht teil, denn er liebte solchen Trubel nicht sonderlich, wie er Ioffe schrieb [79, S. 215]. Die Fachdiskussionen fanden in 10 verschiedenen Sektionen statt. Erwähnt sei hier nur die erste Plenarsitzung, die auf die aktuellen Entwicklungen der Wellenmechanik

12 Abram Fedorovič und Anna Vasil'evna in Dresden vor der Semper-Galerie am Zwinger (etwa 1929/30)

einging. Neben Ioffe, der über experimentelle Beweise für die Wellennatur der Materie sprach, traten hierbei vor allem einige jüngere theoretische Physiker der Leningrader Schule auf: J. I. Frenkel', D. Ivanenko und L. Landau.[1]
Der Kongreß 1928 hatte für Ioffe noch eine andere Folge. Er lernte die junge Physikerin Anna Vasil'evna Ečeistova kennen und stellte sie als Assistentin im LPTI ein. Sie wurde ihm eine enge Mitarbeiterin, und nach der Scheidung von seiner ersten Frau heiratete er sie 1930, ein im damaligen Gesellschaftsverständnis vor allem der älteren sowjetischen Wissenschaftler doch recht „schockierendes" Ereignis [136, S. 69].

---

[1] Hat sich Ioffe einerseits sehr dafür eingesetzt, daß die neuen Erkenntnisse der Quantenmechanik auch von den sowjetischen Physikern aufgenommen und umgesetzt wurden, so war sie ihm selbst – ähnlich wie Einstein, Nernst oder Planck – doch in Form der Schrödingerschen Wellenmechanik „sympathischer" als in Form der „abstrakteren" Matrizenmechanik mit all ihren der klassischen Physik so fremden statistischen Interpretationen (vgl. [83, S. 60 f.], aber auch [38, S. 147 ff.]).

Gedanken zur Planung und Leitung sowie zum marxistischen Verständnis der Naturwissenschaften – die dreißiger Jahre

Anläßlich der Feiern zum 200jährigen Jubiläum der Russischen Akademie der Wissenschaften im September 1925 wurde sie in die Akademie der Wissenschaften der UdSSR umgewandelt und avancierte zur höchsten wissenschaftlichen Institution des Landes. Sie war jetzt nicht mehr der Hauptverwaltung wissenschaftlicher Einrichtungen, sondern direkt dem Rat der Volkskommissare unterstellt. M.I. Kalinin überbrachte die Glückwünsche der sowjetischen Regierung und verkündete die Losung „Die Wissenschaft für die Massen – für die werktätige Menschheit" [116, S. 379]. Zahlreiche ausländische Wissenschaftlerdelegationen waren angereist, und diese Veranstaltung war ein wichtiger Anknüpfungspunkt für die Weiterentwicklung der internationalen Wissenschaftsbeziehungen. Ioffe allerdings konnte nicht daran teilnehmen, denn er war zu jener Zeit im Ausland. Doch 1926 wurde er zu einem der Vizepräsidenten der Akademie gewählt (bis 1929) und er hatte nun wichtigen Anteil an der Vorbereitung der Reorganisation der Akademie, um sie auf die neuen gesellschaftlichen Aufgabenstellungen auszurichten. 1934 wurde der Sitz der Akademie von Leningrad nach Moskau verlegt, was auch die Überführung eines Teils der Institute bedingte. Ioffe blieb jedoch mit seinem damals noch nicht in die Akademie eingegliederten Physikalisch-Technischen Institut in Leningrad, in der Stadt, der er sich stets verbunden fühlte. „Ich bleibe natürlich mit meinem Institut in Leningrad." (Brief v. 6.5.1934 [134])

Die fortschreitende Industrialisierung des Landes, vom IV. Sowjetkongreß der UdSSR im April 1927 und vom XV. Parteitag der KPdSU im Dezember gleichen Jahres in den Mittelpunkt gerückt, führte Ende der zwanziger/Anfang der dreißiger Jahre zu großen sozialen Veränderungen in der sowjetischen Gesellschaft. Durch eine fast vollständige Vergesellschaftung der Produktionsmittel wurde ein beeindruckendes Industriepotential geschaffen, zugleich aber auch – immer stärker durch den Stalinschen Führungsstil geprägt – ein staatsadministrativer Sozialismus mit Herrschaft der Bürokratie. Das hatte seine unterschiedlichen Auswirkungen auch auf die Wissenschaft. Zunächst ergaben sich mit dem Inkrafttreten des ersten Fünfjahrplanes im Jahre 1929 für die Wissenschaft völlig neue Anforderungen und Möglichkeiten. Ioffe erkannte, daß der sozialistische Aufbau die Wissenschaft vor Aufgaben stellte, die ihr bisher unbekannt waren, und daß dies auch neue Lösungswege erfordere.

> Um diese neuen Formen zu finden, stehen uns zwei Wege offen: die Analyse der Entwicklung der Weltwissenschaft, damit ihre progressivsten Tendenzen abgehoben werden, und die Nutzung der Erfahrungen unseres Aufbaus [13, S. 27],

schrieb er 1931. Dabei sind es insbesondere die sozialistischen Produktionsprozesse, die nach seiner Überzeugung die Physik mit neuen Inhalten erfüllen und auch entsprechende neue Organisationsformen für die wissenschaftliche Arbeit erforderlich machen werden, wobei er sich von der Überlegung leiten ließ, daß „all die Vorzüge, die die einheitliche Planwirtschaft bietet, ... auch der aus ihr folgenden Planung der Wissenschaft eigen" seien [13, S. 27]. Diese Feststellungen resultierten sowohl aus wissenschaftshistorischen Analysen wie aus seiner angestrebten Zielstellung, internationale Spitzenpositionen in der Forschung zu erreichen bzw. beizubehalten. Wie die russische und auch die frühe sowjetische Physikgeschichte der zwanziger Jahre lehre, genüge es nicht, fundamentale Probleme aufzuwerfen, ohne die entsprechenden sozialen und wissenschaftsorganisatorischen Bedingungen für ihre Ausarbeitung und Umsetzung zu sichern. Dem Erkennen und Stellen fundamentaler Probleme müssen eine entsprechende geplante Konzentration von Potentialen und weitere wissenschaftsorganisatorische Maßnahmen folgen; vor allem aber müssen sie von Bedingungen und Mechanismen der technischen und technologischen Umsetzung begleitet sein.
Fragen des wissenschaftlichen Durchsetzungsprozesses sind für Ioffe zugleich auch soziale Durchsetzungsprozesse und bilden einen Wesensbestandteil strategischer Konzeptionen. Das Nichtbeachten dieser Fragen führte nach seiner Überzeugung in der sowjetischen Physik beispielsweise dazu, wie er 1934 vermerkte, daß die international führende Position in der Erforschung der mechanischen Festigkeit der Festkörper verlorenging [20, S. 33].

Historische Betrachtungen sind für Ioffe eine Grundlage für das Herangehen an aktuelle Aufgabenstellungen. Er argumentiert, daß zwischen einer Entdeckung in der Physik und ihrer Anwendung in der Technik wenigstens ein Zeitraum von 20 Jahren liege. „Man muß ihn verkürzen und gleichzeitig die wissenschaftliche Arbeit vertiefen" [11], betont er und warnt zugleich davor, die wissenschaftliche Aufgabe gegenüber der praktischen geringzuschätzen. Die Leute der Praxis würden zwar bei Forschungen wie etwa über den Atomkern immer zuerst fragen, wozu das nützlich sei; indes hänge von der erfolgreichen Lösung solcher Aufgaben die künftige Technik ab. Also dürfe man nicht pragmatisch kurzfristig denken, wenn man auf lange Sicht erfolgreich sein will.
Auf der ersten Allunionskonferenz zur Planung wissenschaftlicher Forschungsarbeit im April 1931 legte Ioffe seine Gedanken zur Wissenschaftsplanung unter dem Titel „Neue Probleme wissenschaftlicher Forschungsarbeit in der Physik" [87, S. 227–241] dar. Für ihn war klar, daß Planmäßigkeit der Forschung nicht in der Schaffung einzelner thematischer Pläne für die verschiedenen Disziplinen bestehen kann.

Tiefgreifende Probleme, die von unserem Aufbau aufgeworfen werden, können nicht nach diesen Rubriken eingeteilt werden; insbesondere kann man die reine Wissenschaft nicht von der angewandten trennen. [13, S. 28]

Ausgangspunkt müsse die Untersuchung von Produktionsprozessen sein, aber unter zwei scheinbar entgegengesetzten Aspekten. Einerseits müsse man nicht nur Aufgaben lösen,

die durch die Produktion im Kampf um die Qualität der Produkte, um die Senkung des Ausschusses, um die Rationalisierung gestellt werden, sondern ebenso eine möglichst vertiefte wissenschaftliche Basis für jeden Produktionsprozeß schaffen, neue Lösungen für technische Probleme auffinden. Damit zugleich muß man Probleme der noch nicht existierenden Produktion stellen und die Technik der Zukunft vorbereiten. [13, S. 29]

In diesem zweiten Aspekt ist für Ioffe vor allem die Forschung enthalten, die wir heute als Grundlagenforschung bezeichnen. Ein Blick auf seine eigenen Forschungsthemen zeigt, daß er sie unter diesen Gesichtspunkten auswählte. Wie gezeigt wurde, stand z. B. Ioffes Beschäftigung mit den elektrischen Eigenschaften der Dielektrika in engem Zusammenhang mit Anforderungen aus dem GOELRO-Plan.

13 A.F. Ioffe bei einem Vortrag in Leningrad 1933

Auch der erstere der von Ioffe genannten Aspekte sollte sehr aufmerksam durchdacht werden. Er macht darin nämlich deutlich, daß die dringend erforderliche „produktionsbegleitende Forschung“ durchaus nicht nur als notwendiges Übel anzusehen ist, sondern daß in ihr zugleich die Anregung und Ansatzpunkte für die weitere Forschung aufgespürt und expliziert werden müssen. Allerdings setzt dies voraus, daß dem Wissenschaftler auch die Möglichkeit gegeben wird, über solche laufend anfallenden Produktionsprobleme „hinauszudenken“!
1933 formulierte er anläßlich des 15jährigen Bestehens des Physikalisch-Technischen Instituts diese Wechselbeziehung noch deutlicher:

Die Wissenschaft (insbesondere die Physik) und die Technik müssen sich gegenseitig befruchten, indem sie unser Verständnis der Natur erweitern und vertiefen und neue Produktionsprozesse eröffnen. [87, S. 65]

Man dürfe Physik nicht mehr nur als Wissenschaft von der unbelebten Natur verstehen, betonte er an anderer Stelle, sondern:

Für eine Vertiefung der bei uns vor sich gehenden wissenschaftlich-technischen Revolution müssen wir die Grenzen jenes Gebietes, mit dem sich Physik beschäftigt, weiter auseinanderrücken. Diese neuen Erscheinungen müssen wir in jenen Produktionsprozessen suchen, die in unserer Industrie und im Transportwesen verlaufen sowie in jener realen Natur, die uns umgibt. Bei jeder Produktion muß man die physikalische Seite der technischen Prozesse studieren, die dort vor sich gehen. [12, S. 151]

Daß die Durchsetzung solcher Bestrebungen großes Engagement erforderte und auch Widerstände zu überwinden waren, da weder Industrie noch viele Forschungsinstitutionen bereits vom Nutzen solcher Wechselbeziehung überzeugt waren, zeigt folgende lapidare Bemerkung an Plesch:

Ich komme eben von Moskau, wo ich eine Konferenz über elektrische Isolation leitete und versuchte, die Industrie und wissenschaftliche Institute zu einer gemeinsamen Planarbeit zu bringen. Ich hatte dabei über 100 Vorträge und lange Diskussionen zu überstehen. Nun ist es vorbei. (Brief vom 25. Februar 1931 [134])

Doch Ioffes Elan wurde durch solche Mühen eher angestachelt denn gedämpft. Kikoin bemerkte zu Ioffes 60. Geburtstag:

Ein weiteres großes Verdienst von Abram Fedorovič besteht darin, daß er und seine Schüler außerordentlich eindrucksvoll in der Lage waren, den Industriearbeitern Interesse an der Physik zu suggerieren. Jetzt, nach einer Reihe von Jahren Arbeit des Kollektivs der Physiker an großen technischen Problemen, wurde den Industriearbeitern bewußt, über welche Möglichkeiten die Physik zur Verbesserung und Veränderung der bestehenden Produktionsprozesse verfügt, und wir sind bereits Zeugen der gemeinsamen fruchtbaren Arbeit von Physikern und Produktionsarbeitern. [50, S. 3]

In diesem Zusammenhang maß Ioffe dem „Arbeitererfindertum“ eine nicht zu unterschätzende Bedeutung zu [13, S. 28]. Er erkannte darin einen möglichen Weg, Physik und Produktion enger miteinander zu verknüpfen, und wies auf die Korrespondenz der sich darin äußernden schöpferischen Tätigkeit mit der Eigenart wissenschaftlicher Arbeit hin. Gleichzeitig betrachtete er das Arbeitererfindertum als eine Quelle für das wissenschaftliche Kaderpotential, die erst durch den Sozialismus eröffnet und bewußt und planmäßig genutzt werden könne. Über seine ersten Erfahrungen auf diesem Gebiet berichtete Ioffe an Plesch[1]:

Ich habe meinen Gedanken, die beste und klügsten Erfinder aus den Fabrikarbeitern auszuwählen und im Institute auszubilden erfüllt und habe an Ihnen viel Freude. Das Interesse, mit dem sie an jede Frage herantreten, und die Originalität der Äusserungen zeigt, dass wir es tatsächlich mit denkenden Menschen zu tun haben. (Brief vom 21. Januar 1931 [134])

---

[1] Die von Ioffe in deutscher Sprache geschriebenen Briefe werden hier in originaler Schreibweise wiedergegeben, um zu belegen, wie gut er sie letztlich trotz kleinerer Fehler beherrschte. Lediglich die Zeichensetzung wurde an einigen Stellen korrigiert.

Eine wichtige Rolle spielte bei Ioffe die Einbettung der Forschungsthemen in einen Generalplan des sozialistischen Aufbaus, da darin einerseits die vorrangig zu bearbeitenden Probleme markiert werden und andererseits gesichert wird, daß zu einem bestimmten Zeitpunkt auch die technische Ausarbeitung der gelösten Aufgaben erfolgt [87, S. 228]. Dabei machte er zugleich deutlich, daß dies erst dann sinnvoll funktionieren kann, wenn man in einer zweiten Etappe der Planung für die Wissenschaft einen wesentlich weiteren Zeithorizont ins Auge faßt.
Die Vorstellungen Ioffes, nach welchen Prioritäten in der Sowjetunion physikalische Forschung betrieben werden sollte, werden ebenfalls in dem Vorwort deutlich, das er für die seit 1932 in Charkov in deutscher Sprache neu erscheinende „Physikalische Zeitschrift der Sowjetunion" verfaßte. Er dankte darin für die bisherigen Veröffentlichungsmöglichkeiten in ausländischen Zeitschriften, verband dies mit der Hoffnung, daß nun auch ausländische Wissenschaftler an dieser Zeitschrift mitwirken werden und fuhr dann fort:

> Die besondere Struktur der Sowjetunion und die Konzentrierung aller Kräfte des Landes auf eine gemeinsame Aufgabe – den Aufbau des Sozialismus – geben der sowjetischen Physik einige spezifische Züge, die in unserer Zeitschrift zum Ausdruck kommen werden.
> Wir sind bestrebt, unsere Forschungsarbeit einem allgemeinen Plan zu unterordnen und die für uns wichtigsten Probleme in den Vordergrund zu rücken. Wir betrachten diesen Plan als einen Teil des Gesamtplanes der Entwicklung der materiellen und geistigen Kultur unseres Landes. Wir sind weiter bestrebt, unsere Arbeit in den Dienst der Technik zu stellen und möglichst vollkommen die praktischen Schlussfolgerungen zu verwirklichen, die sich aus dem zeitgemässen Wissen ergeben. Wir wissen, dass wir diese Aufgabe nicht lösen können, ohne auch die rein theoretische Arbeit grosszügig zu entfalten und durch neue Aufgaben zu bereichern. Endlich versuchen wir, unsere Forschungsarbeit auf die wissenschaftliche Grundlage des dialektischen Materialismus zu stellen. [103]

In seinen Überlegungen zu den Grundsätzen der Planung und Organisation beriet sich Ioffe wie stets mit verschiedenen Leuten, Hauptdiskussionspartner waren aber wohl in diesem Falle Semenov und V. V. Kujbyšev (1926–30 Vorsitzender des Obersten Volkswirtschaftsrates, ab 1930 Leiter der Staatlichen Plankommission).
Die neuen Aufgaben, die nun vor der Physik standen, konnten

nicht mehr nur in den zwei Zentren Moskau und Leningrad sowie getrennt von den Industriekomplexen gelöst werden. Ioffe und Semenov betonten in einem Aufsatz vom Dezember 1927:

Es ist völlig unumgänglich, wenigstens noch drei Zentren zu schaffen, eines in Sibirien (z.B. in Tomsk oder Novosibirsk), eines im Industriegebiet des Urals, z.B. in Perm, und ein drittes im Süden, gemeinsam für die Erdölindustrie des Kaukasus und des Doneck-Beckens. [87, S.55]

Ioffe widmete sich Anfang der dreißiger Jahre mit viel Energie der Neugründung einer Reihe Physikalisch-Technischer Institute in verschiedenen Gebieten des Landes und wählte die talentiertesten seiner Schüler für die Leitung dieser Institute aus. So entstand beispielsweise zwischen 1928 und 1930 das ukrainische Physikalisch-Technische Institut in Charkov, an das Obreimov, Landau, Sinel'nikov und andere gingen. Ioffe hatte gehofft, hierfür auch Ehrenfest zu gewinnen, weil er dabei die Absicherung der theoretischen Physik als eine der wichtigsten Aufgaben betrachtete. 1929 schrieb er gemeinsam mit Obreimov an Ehrenfest einen offiziellen Brief: „Einer unserer ersten Gedanken war es, Sie für die Organisation dieses Instituts zu gewinnen.“ [79, S.282]

Ehrenfest war nicht abgeneigt, im Gegensatz zu Ioffe aber von der bereits erreichten Leistungsfähigkeit der jungen sowjetischen Theoretiker wesentlich mehr überzeugt und beeindruckt. 1932 organisierte Ioffe die Gründung des Uraler Physikalisch-Technischen Institutes in Sverdlovsk; Dorfman und Kikoin gingen dorthin. 1933 entstand in Verbindung mit der Industrie des Donbas das Physikalisch-Technische Institut in Dnepropetrovsk; Kurdjumov übernahm die Leitung. Weitere Gründungen wären zu nennen. Die Akademie bildete 1931 eine Kommission, die die Gründung lokaler wissenschaftlicher Institutionen fördern und koordinieren sollte; ihr gehörte auch Ioffe an [116, S.417].

Über die Gründung des Dnepropetrovsker Physikalisch-Technischen Instituts schrieb Kurdjumov rückblickend:

Im Juni [1933–H.K.] berichtete ich Abram Fedorovič über alles und bat ihn, mich nach Dnepropetrovsk ziehen zu lassen. Abram Fedorovič half bei der Reorganisation der Filiale [die vorher zum Ukrainischen PTI gehörte – H.K.] in ein Institut. Von den ortsansässigen Physikern kam Vitalij Ivanovič Danilov ...

Aus dem LPTI schickte Abram Fedorovič einige junge Mitarbeiter zu uns,

und im Sommer 1934 kam er selbst und billigte unsere Tätigkeit. Am Ufer des Dnepr erzählte er uns über seine Pläne.
Im weiteren interessierte sich Abram Fedorovič immer für die Lage der Dinge im DPTI. ...
... Man muß sagen, wir arbeiteten mit großem Enthusiasmus, obgleich lange weder die jetzige Unterstützung noch eine gute Ausstattung vorhanden waren. Aber da waren Ideen und ein großer Wunsch zu arbeiten. ...
Im Institut strebten B. N. Finkel'štejn, ich und V. I. Danilov danach, eine solche Atmosphäre zu schaffen, die jenem Geist entsprach, den wir in den 20er Jahren im Institut von Abram Fedorovič aufnahmen. [87, S. 119f.]

In dem zuvor zitierten Aufsatz von Ioffe und Semenov zur Organisation der wissenschaftlich-technischen Arbeit in der Industrie der UdSSR wird aber abschließend auch darauf verwiesen,

daß zugleich mit der praktischen Tätigkeit der Institute die NTU [Wissenschaftlich-technische Leitung – eine administrative Einrichtung des Obersten Volkswirtschaftsrates – H. K.] nicht vergessen darf, im Lande die wissenschaftliche Arbeit auf den Gebieten Physik und Chemie zu entwickeln. In der UdSSR muß eine selbständige und ebenso umfangreiche und allseitige Physik und Chemie geschaffen werden wie beispielsweise in Deutschland. [87, S. 56]

Anfang der dreißiger Jahre begann Ioffe, auch das Leningrader Institut neu zu organisieren, um sowohl den gewachsenen fachlichen Anforderungen besser gerecht werden zu können als auch der Koordinierungsfunktion für die neugegründeten Institute.
In einem Brief an Ehrenfest vom 16. 5. 1930 schrieb Ioffe:

Im Institut führe ich eine Reihe von Reformen durch. Die wichtigste – ich will die meiste Arbeit nach einem bestimmten Plan organisieren, auf jedem Gebiet die wichtigsten und uns zugänglichen Probleme auswählen ... [79, S. 286]

Auf diese für ein wissenschaftliches Institut damals „völlig ungewöhnliche Sache ...“ (wie Ehrenfest sich in seiner Antwort ausdrückte [79, S. 229] reagierte der Freund doch etwas skeptisch, gab aber wie in vielen anderen Fällen beachtenswerte Hinweise und verfolgte die Entwicklung aufmerksam.

Tafel 2

Im Leningrader Physikalisch-Technischen Institut Anfang der dreißiger Jahre bearbeitete Gebiete und zu ausgewählten Gebieten einige ihrer verantwortlichen Bearbeiter
nach einer Zusammenstellung in [52, S. 186f.] sowie Angaben über die Labore in [67, S. 272ff.] – Da die Einteilung nicht nach dem Ausschließungsprinzip erfolgte, ergeben sich Überschneidungen verschiedener Gebiete

---

Akustik
Biologische Physik
Elektroakustik
Elektrotechnik
Festkörperphysik (einschl. amorphe Festk. u. anisotrope Flüssigkeiten)
Festkörpermechanik
Hochfrequenzphysik und -technik
Kristallphysik
kosmische Strahlung
Mathematische Physik
Meßtechnik
Metallphysik
Optik
Physik hoher Drücke
Physik der Dielektrika
Physikalische Chemie
Physikalische Elektronik
Physikalische Experimentiertechnik
Polymerenphysik
Seismologie
Thermodynamik
Wärmetechnik

Chemische Physik	– J. B. Chariton, V. N. Kondrat'ev, N. N. Semenov
Halbleiterphysik	– A. F. Ioffe, B. M. Vul, I. K. Kikoin, V. M. Tučkevič
Kernphysik	– A. P. Aleksandrov, A. I. Alichanov, L. A., Arcimovič, G. N. Flerov, I. K. Kikoin, I. V. Kurčatov, K. D. Sinel'nikov, D. V. Skobel'cyn
Magnetophysik	– J. G. Dorfman, P. L. Kapica
Tieftemperaturphysik	– P. L. Kapica, A. I. Šal'nikov
Theoretische Physik	– V. A. Fok, J. I. Frenkel', L. D. Landau, J. B. Zel'dovič

Die Mitarbeiterzahl des LPTI war per 6. November 1930 immerhin auf 800 Personen angewachsen, und ein solcher Forschungsgroßbetrieb – in der Geschichte der Wissenschaft etwas völlig Neues – verlangte schon eine gut durchdachte Leitung und Organisation. So gab es zwischen 1930 und 1933 mehrere grundsätzliche Umgestaltungen der Organisationsstruktur, bis Ioffe glaubte, Inhalt und Form einigermaßen in Übereinstimmung gebracht zu haben (vgl. Tafel 2). Einiges wurde auch ausgegliedert; so erhielt z. B. Semenov 1931 ein eigenes Institut für Physikalische Chemie und Černyšev eines für Elektrophysik. Doch die Atmosphäre war nicht mehr die alte. Obreimov schreibt:

Einiges veränderte sich auch am Stil des LPTI im Hinblick darauf, daß sich Wohlwollen und Gastfreundschaft verringerten. Diese blieben das Privileg des Laboratoriums und der näheren Umgebung von Abram Fedorovič. Es zeigte sich der Geist eines gewissen Snobismus, der A. F. Ioffe völlig fern lag. [83, S. 58]

Andere äußerten sich ähnlich. – Anfang 1939 wurde das LPTI der Akademie der Wissenschaften der UdSSR zugeordnet.
Ohne die technischen Belange aus dem Blick zu verlieren – die angewandte Forschung nahm anteilmäßig sogar zu – konnte sich das LPTI nach der Umstrukturierung wieder stärker auf physikalische Probleme konzentrieren. Ioffe, der die internationalen Entwicklungen sehr genau verfolgte, etablierte am Institut drei neue Forschungsrichtungen: Physik hochmolekularer Verbindungen, Kernphysik und Halbleiterphysik. Letztere sollte für den inzwischen über Fünfzigjährigen noch einmal zu einem ertragreichen Forschungsgegenstand werden (siehe übernächstes Kapitel). An Sommerfeld in München schrieb er am 8. Oktober 1934:

Wir haben in der letzten Zeit manche interessante Ergebnisse erhalten. Ich bin insbesondere damit beschäftigt, die Verhältnisse in Halbleitern zu klären, und bin mit dem Fortgang der Arbeit recht zufrieden. Das grosse Institut, das fast meine ganze Zeit und Energie in Anspruch nahm, habe ich in 5 kleinere umgewandelt. Jetzt kann ich mich wieder der experimentellen Arbeit widmen, wozu ich doch viel mehr geeignet bin. [135]

An der Erarbeitung der Grundlagen der Atom- und Quantenphysik im ersten Drittel unseres Jahrhunderts waren sowjetische Physiker kaum beteiligt gewesen. „Das wahrscheinlich zurückgebliebenste Teilgebiet in der sowjetischen Physik ist die Frage nach dem Aufbau des Atomkerns", schrieben Ioffe und Nasledov 1934 [20, S. 36]. Zwar hatte Ioffe seine Mitarbeiter stets angehalten, alle neuen Richtungen der Physik genau zu verfolgen, auch solche, die noch keinen praktischen Nutzen erkennen lassen, denn in der Physik zeige die Geschichte, „daß selbst die in ihrer Zeit abstraktesten Arbeiten in der Zukunft unerwartete reichliche Anwendungen in der Technik finden" [20, S. 36], doch praktisch war es notwendig, auf verschiedenen Gebieten auch in dieser Hinsicht mehr zu tun.

14 A.F.Ioffe, A.I.Alichanov und I.V.Kurčatov (von links nach rechts) im Laboratorium im Jahre 1938.

Immerhin erschien bereits 1927 unter Ioffes Redaktion ein Sammelband, in dem die grundlegenden Arbeiten zur Quantenmechanik referiert wurden, u. a. G. A. Grinberg über die Arbeiten von Heisenberg/Born, V. R. Bursian und V. A. Fok über Schrödinger, B. N. Finkel'štejn über die Erklärung des Compton-Effektes. Ioffe betonte im Vorwort:

Bei der Bedeutung dieser neuen Ansichten als einer neuen Epoche, die sich in der Physik eröffnet, und bei der Rolle, die sie im System der Weltanschauung spielt, ist es sehr wichtig, sie sofort, da diese neue Epoche erst beginnt, möglichst breiten Kreisen zu eigen zu machen, sowohl Physikern wie allen daran Interessierten. [88, S. 4]

Atomphysikalische Forschungen hatte Ioffe bereits 1920 gegenüber Narkompros zu den wichtigen Aufgaben des Instituts gezählt [67, S. 348] und entsprechende experimentelle Voraussetzungen geschaffen. Vor allem widmete sich Skobel'cyn seit 1924 solchen Forschungen. Mittels der Wilsonschen Nebelkammer untersuchte er die Wechselwirkung von Gamma-Strahlen mit Elektronen und fand dabei eine Bestätigung der Lichtquantenhypothese; 1927 zeigte er erstmals die Existenz hochenergetischer

Teilchen in der kosmischen Strahlung u. a. mehr. G. Gamov bearbeitete etwa ab 1928 theoretische Fragen des Alpha-Zerfalls. Ioffe hatte ihn 1928/29 und 1930/31 zu Studienaufenthalten nach Kopenhagen zu Bohr geschickt. Rückblickend hob Kurčatov die Bedeutung dieser Anfänge hervor:

Unsere Erfolge auf diesem Gebiet wurden in besonderem Maße dadurch begründet, daß in Instituten, auf deren Gründung Lenin noch 1918–20 Einfluß nahm, die ganze Zeit theoretische Arbeiten zum Studium der Gesetze des Atombaus, der Kettenreaktion, der Gesetze des Atomkernaufbaus durchgeführt wurden ... [56, S. 339]

Neue experimentelle und theoretische Ergebnisse hatten um 1930 das Interesse der Physiker am Atomkern erheblich ansteigen lassen. Der Kernphysikkongreß im Oktober 1931 in Rom setzte ein wichtiges Zeichen in der Diskussion dieser Fragen. Auf dem 5. Internationalen Elektrikerkongreß im Juli 1932 in Paris, an dem auch Ioffe teilnahm, wurde diese Diskussion in der Physiksektion fortgesetzt. Inzwischen hatte James Chadwick das Neutron entdeckt. Überhaupt wurde das Jahr 1932 mit zahlreichen grundlegenden Entdeckungen zu einem Schlüsseljahr für die Kernphysik. Auch der Solvay-Kongreß 1933 sollte sich der Problematik des Atomkerns widmen; Ioffe war im Vorbereitungskomitee und somit an der aktuellen Diskussion direkt beteiligt.[1] Alle Anzeichen sprachen also dafür, die kernphysikalische Forschung umgehend auch am LPTI auszubauen. Mit dem Prikas Nr. 64 des LPTI vom 16. Dezember 1932 wurde eine entsprechende Gruppe unter der Leitung von Ioffe und Kurčatov, der sich bis dahin auf Festkörperphysik spezialisiert hatte, gebildet, der u. a. Skobel'cyn und Ivanenko angehörten [82, S. 13].

Gleichzeitig wurde für April 1933 eine erste Konferenz zum Atomkern mit internationaler Beteiligung geplant [82, S. 11 f.]. Sie fand dann anläßlich des 15jährigen Institutsjubiläums im September 1933, also noch vor dem 7. Solvay-Kongreß statt. Unter der Leitung von Ioffe und Akademiepräsident A. P. Karpinskij wurden

[1] Seit 1924 hatte Ioffe nicht wieder an Solvay-Kongressen teilgenommen. Am 5. Kongreß zum Thema „Elektronen und Photonen" nahm kein sowjetischer Vertreter teil. Für den 6. Kongreß 1930 zum Thema „Magnetismus" ließ Ioffe Dorfman einladen, als den „Hauptspezialisten meines Instituts über Magnetismus" [67, S. 496]; auch Kapica, der noch in Cambridge war, nahm teil.

Vorträge gehalten von Beck[1] (Odessa), Bronštejn (Leningrad), Dirac (Cambridge/Kopenhagen), Friš (Leningrad), Gamov (Leningrad), Gray (Cambridge), Ivanenko (Leningrad), Joliot-Curie (Paris), Lejpunskij (Charkov), Perrain (Paris), Rasetti (Rom), Skobel'cyn (Leningrad), A. K. Val'ter (Charkov), Weisskopf (Kopenhagen) [72, S. 81].

Die Konferenz gab der sowjetischen Atomforschung einen wichtigen Stimulus. Am 4. Oktober berief die Akademie eine Wissenschaftliche Kommission für den Atomkern, der unter dem Vorsitz Ioffes Friš, Gamov, Kurčatov, Lejpunskij und Mysovskij (nach dessen Tod I. M. Frank) angehörten [72, S. 92]. Bereits 1934 entstanden im LPTI vier entsprechende Laboratorien: Laboratorium für Kernreaktionen unter Kurčatov, Laboratorium für künstliche Radioaktivität und kosmische Strahlung unter Skobel'cyn, Laboratorium für Positronen unter Alichanov, Hochspannungslaboratorium unter Arcimovič, und bald waren die sowjetischen Physiker auch auf diesem Gebiet führend mitbeteiligt. Auf dem VII. Mendeleev-Kongreß im September 1934 in Leningrad wurde in einer speziellen Sektion die Diskussion zum Atomkern fortgesetzt – u. a. nahmen daran Otto Hahn und Lise Meitner teil. Die zweite Allunions-Kernkonferenz fand dann 1937 in Moskau statt, und nun folgte bis zum Ausbruch des zweiten Weltkrieges jährlich eine weitere und demonstrierte, daß die sowjetischen Kernphysiker auf diesem Gebiet an der vordersten Forschungsfront präsent waren. Parallel zu Niels Bohr/John Archibald Wheeler in den USA erarbeitete beispielsweise Frenkel' 1939 die Theorie der Kernspaltung; 1940 fanden G. N. Flerov und K. A. Petržak die spontane Kernspaltung, und J. B. Zel'dovič und J. B. Chariton berechneten die Kettenreaktion, um nur einige Beispiele zu nennen. Bereits 1934 arbeitete in Kurčatovs Labor ein Linearbeschleuniger, und 1935/36 baute Mysovskij im Leningrader Strahleninstitut das erste sowjetische Zyklotron; 1937 nahm man am LPTI den Bau eines großen Zyklotrons in Angriff [61].

Im Juli 1940 gründete die Akademie der Wissenschaften der UdSSR auf Initiative V. I. Vernadskijs eine Urankommission, die

---

[1] Guido Beck war Assistent Heisenbergs in Leipzig und 1933 in die UdSSR emigriert. In Odessa erhielt er eine Professur. Ende der dreißiger Jahre emigrierte er weiter über Paris nach Lateinamerika.

die weiteren Forschungen zur Nutzung der Kernenergie fördern sollte; unter der Leitung von V.G. Chlopin wirkten Ioffe und Vernadskij als Stellvertreter und neben anderen Kapica, Kurčatov und Vavilov als Mitglieder. Ende 1940 regte Kurčatov an, die Forschungen auf diesem Gebiet stärker finanziell zu unterstützen.

Im Oktober 1933 fuhr Ioffe zum Internationalen Kongreß für Physikalische Chemie nach Paris und anschließend zum 7. Solvay-Kongreß nach Brüssel. Das waren für lange Zeit seine letzten Auslandsreisen – die zunehmende Verschärfung der politischen Lage in Europa, insbesondere durch das aggressive Auftreten des faschistischen Deutschland und seine massiven Versuche, die Wissenschaftskontakte abzubauen, sowie auch die Entwicklungen innerhalb der Sowjetunion hatten das Reisen erheblich erschwert[1]; erst 1956 fuhr Ioffe wieder zu einer internationalen Tagung ins Ausland. Nach Brüssel war auch Gamov eingeladen worden, und beide konnten dort über erste beachtenswerte Ergebnisse sowjetischer Forscher zum Atomkern berichten. Zu den Teilnehmern in Brüssel gehörte die Elite der Kernphysiker, darunter Bohr, Bothe, Chadwick, Cockroft, M. Curie, Debye, Dirac, Einstein, Fermi, Heisenberg, F. und I. Joliot-Curie, Lawrence, Meitner, Pauli, Rutherford, Schrödinger [119, S. 20]. Ioffe hatte bei dieser Gelegenheit Bohr zu einem Besuch der UdSSR im Frühjahr 1934 einladen können [47, S. 196]; in einem Izvestija-Artikel bezeichnete er ihn begeistert als den „Führer des theoretischen Denkens auf physikalischem Gebiet in der ganzen Welt“ [21].

Hatte Ioffe im Falle der Atomphysik eine wesentliche Voraussetzung für die physikalische Grundlagenforschung in der Sowjetunion geschaffen, so sollte er in einem anderen Falle stimulierend für die Verbindung der Physik mit einem scheinbar fernliegenden Wissenschaftsgebiet wirken. Im Jahre 1932 wurde auf seine Initiative bei der Akademie der Landwirtschaftswissenschaften der UdSSR das in der Welt damals einzige Agrophysikalische Institut gegründet, dessen erster Direktor Ioffe war. Ioffe ging davon aus, daß die physikalischen Methoden und Ergebnisse, die sich in Industrie und Technik bewähren, auch auf ihre Möglichkeiten bezüglich landwirtschaftlicher Probleme geprüft werden müßten.

[1] In diesem Zusammenhang spielte sicher auch eine Rolle, daß z. B. Gamov nach dem Solvay-Kongreß nicht in die UdSSR zurückkehrte.

Die zu jener Zeit abgeschlossene Kollektivierung der Landwirtschaft setzte auch neue Maßstäbe für die Bodenbearbeitung und Pflanzenzucht. „Zu den Aufgaben der Agrophysik ... gehört die aktive Einwirkung auf die physikalischen Faktoren, die die Entwicklung der Pflanzen bestimmen", schrieb er 1932 [48, S. 222]. Und vier Jahre später in einem Brief an Plesch: „Die Verwirklichung meiner anderen wissenschaftlichen Pläne entwickelt sich günstig, insbesondere auf dem Gebiete der Agrikultur, wo manches in die weite Praxis übergeht." [134, Brief vom 22. 9. 1936]
Zum 25jährigen Institutsjubiläum konnte er dann eine positive Bilanz der Wirksamkeit dieser Forschungseinrichtung ziehen, wenn er auch zugleich einräumte:

> Manche Fehler, wie auch nicht zu Ende gebrachte und dann unzureichend überzeugende Versuche kann man in der Forschungsgeschichte des neuen Instituts finden. Nichts desto weniger wurden hier allmählich eine Physik des Bodens und eine Biophysik der Pflanze geschaffen, entdeckte man Wege zur Beeinflussung des Mikroklimas, entstand eine Theorie der Wasserbewegung im Boden bei verschiedenen Feuchtigkeitszuständen, ... [48, S. 241]

Die Anfangsschwierigkeiten werden plausibel, wenn man daran denkt, daß für eine entsprechende Forschungsrichtung bisher keine Erfahrungen vorlagen, es also auch keine Agronomen oder Physiker gab, die agrophysikalische Fragen gezielt angehen konnten, und wenn man auch bedenkt, daß das Wirken dieses Instituts im Laufe der Jahre mehr und mehr in kritischer Distanz zu den Arbeiten des Biologen T. D. Lysenko stand, die damals von Partei- und Staatsführung sehr gefördert wurden.
Von grundlegender Bedeutung für die weitere Entwicklung der Physik in der Sowjetunion sowie insbesondere des Leningrader Physikalisch-Technischen Instituts unter Akademiemitglied Ioffe und des Leningrader Optischen Instituts unter Akademiemitglied Roždestvenskij und Akademiemitglied S. I. Vavilov war die Akademietagung vom 14.–20. März 1936 in Moskau. Beide Institute gehörten ja noch nicht zur Akademie. Ähnliche Tagungen gab es im Oktober zur Astronomie und im Dezember 1936 zur Chemie. Nach den Eröffnungsworten des amtierenden Akademiepräsidenten V. L. Komarov sollte die Beratung einen starken Impuls für die weitere wissenschaftliche Entwicklung geben [23, S. 5]. Eine prinzipielle Rolle spielte die Diskussion um das Verhältnis von grund-

lagenbezogener zu industriebezogener Forschung, um die Frage, ob im Sozialismus die Forschungsthemen nicht in erster Linie aus industriellen Aufgabenstellungen abzuleiten seien und ob die Auffassung, eine gute Grundlagenforschung fände immer irgendwann ihre Anwendung, als unsozialistisch zu verwerfen sei. Anders gesagt ging es um die Spezifik des Wechselverhältnisses Physik – Produktion unter sozialistischen Bedingungen und darum, wie man es intensivieren könnte (vgl. auch [73]).

Ioffe hatte sich gründlich auf diese Tagung vorbereitet und ein ausführliches Material über die Arbeiten nicht nur des LPTI, sondern auch der anderen aus dem LPTI hervorgegangenen Institute einschließlich des Agrophysikalischen Instituts vorgelegt [24]. In seinem Vortrag auf der Tagung [23] gab er einen Überblick über die Forschungsergebnisse des LPTI in den vergangenen fast 20 Jahren, diskutierte auch manchen Irrtum (z. B. bei der Dünnschichtisolierung), erläuterte die neuen Forschungsrichtungen zum Halbleiter und zum Atomkern, diskutierte das Zusammenwirken von Wissenschaft und Technik.

In der anschließenden Debatte wurden Ioffes Pionierleistungen in den zwanziger Jahren von fast allen anerkannt, doch mußte er sich scharfe Kritik dahingehend gefallen lassen, daß ausgerechnet er die technische Nutzung der Ergebnisse der „reinen Forschung" in seinem Institut vernachlässige. Roždestvenskij, der von den etwas andersgearteten Verhältnissen auf seinem optischen Gebiet ausging, kritisierte Ioffe für seine Auffassung vom „Physiker als Konsultant des Ingenieurs" und meinte, ein naturwissenschaftliches Institut müsse in erster Linie technische Fragen lösen. Er behauptete, das LPTI sei zur Zeit weit entfernt von physikalischen Anwendungen, widme sich sehr abstrakten Fragen – bestes Beispiel dafür war für ihn „dieser theoretische und abstrakte Kern ..." – und er meinte, dies sei ein Schritt zurück hinter frühere Auffassungen Ioffes und entspreche nicht dem Anspruch an ein Forschungsinstitut sozialistischer Prägung [23, S. 61 f.]. Ähnliches äußerte beispielsweise auch B. M. Vul, der Ioffe vorwarf, daß das LPTI zu sehr vom westlichen Arbeitsstil geprägt sei und daß die Ergebnisse hauptsächlich wissenschaftliche Artikel seien, die dem Arbeiter kaum zugänglich sind [23, S. 124].

In seinem Schlußwort versuchte Ioffe, einigen dieser Vorwürfe zu begegnen, z. B. machte er deutlich, daß er unter einem „Konsultanten" eine sehr aktive Persönlichkeit verstehe. Die Geschichte hat wohl Ioffe in seinen wesentlichen Auffassungen über das Verhältnis von Grundlagen- und Industrieforschung und über die Prioritäten bei der Auswahl von Forschungsthemen für ein Grundlagenforschungsinstitut bestätigt – verwiesen sei nur auf die „abstrakten" Problemstellungen zur Atom- oder Halbleiterphysik –, aber dessen ungeachtet enthielt die Diskussion auch nützliche Anregungen, und Ioffe wäre der letzte gewesen, sie nicht aufzugreifen. Das widerspiegelt sich u.a. in einer Reihe von Maßnahmen, die am 16. Mai 1936 in Auswertung dieser Akademietagung im Wissenschaftlichen Rat des LPTI beschlossen wurden, z.B. wurde die Zahl der Aspiranten erhöht, wurden die Prioritäten bei der Versorgung mit Geräten anders gesetzt, und es wurde künftig noch stärker darauf geachtet, bearbeitete Themen möglichst bis zur technischen Reife zu führen [73, S. 84]. Als weitere Folge jener Märztagung befaßte sich eine Arbeitsgruppe der Akademie unter Ioffes Leitung speziell mit der Ausbildung von Physikern für die Industrie und mit der Lage der Physik an den Technischen Hochschulen des Landes [58].

Man kann diese Diskussionen im Umfeld der Märztagung der Akademie nicht ganz losgelöst betrachten von Diskussionen um philosophisch-weltanschauliche Fragen, in die vor allem die theoretischen Physiker in der Mitte der dreißiger Jahre in der Sowjetunion gerieten. In seiner Kritik philosophischer Ansichten Ioffes bezog sich z. B. Maksimov 1937 ausdrücklich auch auf die von Ioffe auf der Märztagung 1936 geäußerten Auffassungen zu den Beziehungen Physik – Technik [63, S. 157]. Es ging dabei um ein marxistisches Verständnis der modernen Wissenschaft, um ein Fruchtbarmachen der marxistischen wissenschaftlichen Weltanschauung für die einzelwissenschaftliche Forschung ebenso wie um eine Bereicherung der marxistischen Dialektik durch diese neuen einzelwissenschaftlichen Erkenntnisse. Der Ausgangspunkt dieses philosophischen Konflikts lag bereits in den zwanziger Jahren, als einige vulgärmarxistische Philosophen meinten, zwischen einer „bürgerlichen" und einer „proletarischen" Physik unterscheiden zu müssen. Hinzu kam, daß in den Anfangsjahren der Quantenmechanik physikalische und philosophisch-weltanschauliche Bemühungen um ihr Verständnis und die Deutung ihrer Folgerungen in der internationalen Diskussion selten klar

unterschieden werden konnten (ausführlicher vgl. z. B. [3; 120; 123]).
Einige damals recht einflußreiche sowjetische Philosophen und auch Physiker sahen in der Kopenhagener Deutung der Quantenmechanik einen entschiedenen Angriff auf marxistisch-dialektische Grundpositionen, wobei sich allerdings ihre angeblichen marxistischen Positionen mehr an einem mechanisch-materialistischen Verständnis der klassischen Physik orientierten und sie in Verkennung des tatsächlichen Umbruchs in der aktuellen Naturerkenntnis durch die Quantenmechanik den untauglichen Versuch unternahmen, Erkenntnisfortschritte ausschließlich durch evolutionäre Theorienfortschreibung begründen zu wollen. Die Problematik dieser Diskussionen lag u.a. darin, daß es diesen Philosophen an einem tieferen Verständnis der physikalischen Zusammenhänge der Quantenmechanik wie auch der Einsteinschen Relativitätstheorie mangelte, was sie schließlich dahin führte, diese als positivistisch und irrational abzuqualifizieren. Daraus schlossen sie dann eklektizistisch in scheinbarer Anknüpfung an Lenins Positivismusauseinandersetzung um die Jahrhundertwende, daß die moderne theoretische Physik den „physikalischen Idealismus" zur Grundlage habe.
Maksimov meinte beklagen zu müssen, daß sowjetische physikalische Zeitschriften wie die „Uspechi fizičeskich nauk" vollgestopft seien „mit idealistischem Plunder, der systematisch aus dem Ausland importiert wird" [62, S. 47]. Als Hauptvertreter dieser „idealistischen Physik" nannte er die „Gruppe Frenkel', Fok, Tamm und andere" und betonte, daß dies nicht der Weg sein könne, den die sowjetischen Physiker bei der Entwicklung der sowjetischen sozialistischen Kultur gehen müßten [62, S. 52]. Damit ging es aber nicht mehr nur um das philosophisch-weltanschauliche Verständnis physikalisch-theoretischer Auffassungen, sondern auch um die Stellung der theoretischen Physik als gleichberechtigt zu entwikkelnder Teildisziplin. Doch fanden solche Auffassungen bei der Mehrheit der sowjetischen Physiker keinen Rückhalt.
Gefährlich wurde diese Auseinandersetzung u. a. deshalb, weil jene Philosophen meinten schlußfolgern zu müssen, daß aus solchen angeblich „idealistischen physikalischen Theorien" auch ein idealistisches, antisozialistisches Gesellschaftsverständnis folgt [62, S. 53], und dies zu einer Zeit, als die despotische Stalinsche

Innenpolitik zunehmend durch Repressionen und politische Prozesse gegen angebliche politische Gegner gekennzeichnet war.
Wie schwierig die Demagogie der politischen Prozesse der Jahre 1936–1939 in der Sowjetunion selbst für Augenzeugen zu durchschauen war, verdeutlicht u. a. anschaulich W. Mittenzwei in „Das Leben des Bertolt Brecht ...“ (Bd. 1, Berlin 1986, S. 617ff.). Selbst Ioffe schrieb z. B. noch am 18. 6. 1937 an Plesch: „Es ist wirklich wahr, dass unsere Regierung hinter sich das gesamte geschlossene Volk hat. Die hingerichteten Verräter hatten nicht die geringste Stütze ...“ [134] Doch wenig später, im April 1938, als sein Schüler und Mitarbeiter Lukirskij wegen angeblicher antisowjetischer Tätigkeit verhaftet wurde, nahm Ioffe unerschrocken einen vierjährigen Kampf auf, bis Lukirskij aus dem Lager freikam und rehabilitiert wurde [67, S. 607f.]. Weitere Beispiele ließen sich nennen. In anderen Fällen waren Ioffes Bemühungen leider umsonst, wie im Falle des begabten Theoretikers Matvej Bronštejn, dessen Rehabilitierung erst 1957 post mortum erfolgte [67, S. 609f.].
Ioffe hatte 1934 anläßlich einer Konferenz des Instituts für Philosophie der Kommunistischen Akademie (später mit der Akademie der Wissenschaften vereinigt) zum 25. Jahrestag des Erscheinens von Lenins „Materialismus und Empiriokritizismus“ in die philosophische Diskussion eingegriffen. In einem brillanten Vortrag über die Entwicklung der atomistischen Vorstellungen im 20. Jahrhundert versuchte er ein wirklich dialektisch-materialistisches Herangehen an die revolutionären Vorstellungen der Quantenmechanik. Er kam zu dem Schluß:

> Ist es nicht seltsam, daß in direktem Gegensatz zu Lenin heute einige zu den Idealisten sogar einzelne aktive Physiker zählen, die danach streben, jene neuen Vorstellungen zu finden, die möglicherweise die Eigenschaften der außer uns existierenden Materie wiedergeben könnten. Da stimmt etwas nicht! Auch Bohr, auch Schrödinger, auch Dirac, auch Heisenberg, auch Frenkel', und reinweg alle, die danach streben, eine adäquate Beschreibung der Eigenschaften des Mikrokosmos der atomaren Welt zu finden, sie alle sollen Idealisten sein! Im Gegenteil, ihre uns ungewohnten Vorstellungen einschließlich der neuen Vorstellung über die Kausalität und das Unbestimmtheitsprinzip sind eine glänzende Bestätigung und Bereicherung des dialektischen Materialismus. ... Ich will nicht sagen, daß alles, was Heisenberg sagt, heilige Wahrheit und dialektischer Materialismus ist. Das ist natürlich nicht so. Aber die wissenschaftliche Theorie, das ist eine materialistische Theorie, d. h. eine weitgehend vollständige Annäherung an die Realität der außer uns existierenden Welt. [48, S. 96]

Durch die sich zuspitzende Auseinandersetzung fühlte sich Ioffe 1937 erneut herausgefordert, in die Diskussion einzugreifen, denn die dahinterstehende Kampagne sei „von nicht geringer politischer Bedeutung" [25, S. 134]. Nachdrücklich machte er deutlich, daß Maksimov in seinem Unvermögen, die moderne Wissenschaft zu verstehen, versuche, den sozialistischen Aufbau in der Sowjetunion mit einer „reaktionären" Orientierung der Physik zu verbinden. Er und seine Anhänger setzten sich mit ihrer Ablehnung der Einsteinschen Relativitätstheorie oder der Quantenmechanik von Bohr, Heisenberg, Schrödinger in makabrer Weise in ein Boot mit solch reaktionären nationalsozialistischen Physikern wie Philipp Lenard oder Johannes Stark [25, S. 134], bemerkte Ioffe sarkastisch.

„Glücklicherweise stehen nicht alle philosophischen Artikel auf solch einem niedrigen Niveau, wie der von mir hier betrachtete" [25, S. 143], resümierte er. Zugleich richtete er in diesem Aufsatz den Appell an die Physiker, sich – ganz im Sinne beispielsweise auch von Max Planck – stärker mit den philosophischen Konsequenzen ihrer Entdeckungen auseinanderzusetzen. Somit ist zu Recht einzuschätzen, daß in den dreißiger Jahren auch in der Sowjetunion wichtige Beiträge zum Verständnis der Quantenmechanik erarbeitet wurden (vgl. z. B. [3]). Sozusagen geboren aus der Notwendigkeit, die theoretische Physik zu erhalten und auszubauen, schufen Ioffe, Fok, Frenkel', Tamm u. a. originelle Ansätze zur Lösung der von der modernen theoretischen Physik aufgeworfenen philosophischen Fragen aus der Sicht der marxistisch-leninistischen Philosophie und damit zugleich zur Bereicherung dieser Philosophie selbst.

Die hier sehr verkürzt reflektierte Kritik am angeblichen „physikalischen Idealismus" war nur *eine* Tendenz in der philosophischen Diskussion aktueller physikalischer Fragen in jener Zeit, doch eine, die damals von nicht unbeträchtlichem Einfluß nach innen und außen war. So gab es auf Ioffes Artikel [25] nicht nur einen weiteren Angriff Maksimovs [63], wobei Ioffe nun auch in die Gruppe der „physikalischen Idealisten" eingereiht wurde, sondern zugleich eine scharfe Replik des Direktors des Physikalischen Instituts der Moskauer Universität A. Predvoditelev. Ioffe hatte darauf hingewiesen, daß einige dieser Leute an der Moskauer Universität „ein Zentrum der reaktionären Physik" [25, S. 135] schaffen

wollten, womit er u. a., den Maksimov unterstützenden Moskauer Physiker A. K. Timirjazev meinte sowie auf die Ablösung des ehemaligen Institutsdirektors B. Gessen anspielte, dessen Beitrag „Die sozialen und ökonomischen Wurzeln von Newtons ‚Principia'" 1931 auf dem Internationalen Kongreß für Geschichte von Wissenschaft und Technik in London richtungsweisend für die marxistische Wissenschaftsgeschichtsschreibung wurde. Für ihn sei unklar, wie Ioffe diese Anspielung meine, nachdem „Gessen als Volksfeind entlarvt worden" sei, schrieb Predvoditelev [64].
Als sich die ideologische Auseinandersetzung zwischen Sozialismus und Imperialismus während des von den USA geschürten „kalten Krieges" Ende der vierziger/Anfang der fünfziger Jahre zuspitzte, konnte diese Art unwissenschaftlicher Auseinandersetzung, gedeckt durch die repressive Stalinsche Innenpolitik, erneut tonangebend werden. So geriet Ioffe 1951/52 mit seinem 1949 erschienen Buch über die Grundvorstellungen der modernen Physik [38] erneut in das Kreuzfeuer der Kritik jener Vertreter der Philosophie. Auf der Grundlage der Leninschen Widerspiegelungstheorie analysierte Ioffe darin vermittels der marxistisch verstandenen dialektischen Methode die Entwicklung der fundamentalen physikalischen Theorien des 20. Jahrhunderts und kam dabei im letzten Kapitel zu grundlegenden methodologischen Einsichten. Doch mußte er sich vorwerfen lassen, sein Buch enthalte eine Reihe „ernster ideologisch-theoretischer Fehler" [55, S. 117]; zwar bescheinigte man ihm großzügig „einen bedeutenden Schritt vorwärts in der philosophischen Behandlung von Problemen der modernen Physik" [55, S. 140], doch bei der Darlegung der konkreten Fragen der Physik habe er sich von den idealistischen Ansichten eines Heisenberg, Einstein oder Schrödinger nicht befreien können! Anläßlich des 100. Geburtstages von Ioffe erklärte der derzeitige Vizepräsident der Akademie P. N. Fedoseev:

> Betrübt erinnern wir daran, daß dieses Buch zu seiner Zeit seitens einiger Philosophen Angriffen ausgesetzt war, wobei ... von ihnen an die Adresse des Autors völlig haltlose Anschuldigungen bezüglich Abweichungen von der materialistischen Weltanschauung geäußert wurden. [68, S. 170]

In einer Entgegnung legte Ioffe damals seinen Standpunkt noch einmal dar, sah sich aber zumindest zu der Einschränkung gezwungen, daß er sein Anliegen hätte besser erfüllen müssen [41,

S. 598]. Abgesehen davon waren natürlich einige von Ioffes Auffassungen tatsächlich noch nicht ausgereift und bedurften weiterer Diskussion. – Doch hat sich Ioffe durch solche böswilligen und bornierten vulgärmarxistischen Angriffe nicht entmutigen lassen, sich um ein konsequent marxistisch-dialektisches Verständnis der modernen Physik zu bemühen, dieses auch zu propagieren und vor allem den Philosophen klarzumachen, daß eine philosophische Interpretation der erkenntnistheoretisch und methodologisch vielfach komplizierten modernen physikalischen Theorien unbedingt ein Verständnis ihres physikalischen Inhalts voraussetzt, womit er Lenins Aufruf zum Bündnis zwischen Philosophie und Naturwissenschaft wirklich ernst nahm [118].
Ein Vorzug von Ioffes Darlegungen ist, daß er sich auf die Analyse der historischen Entwicklung stützte und daraus erkannte, daß die historischen Fakten, die unmittelbar zum dialektischen Materialismus führen, „noch niemals mit solcher Klarheit hervorgetreten sind, wie in unserem Jahrhundert der Relativitätstheorie und der Quantenmechanik" [38, S. 327]. Schon 1934 hatte er in diesem Sinne formuliert, daß 25 Jahre Entwicklung der Atomphysik

eine so anschauliche Bestätigung der marxistischen Philosophie gaben, daß sie den sich in den Gang dieser Entwicklung vertiefenden Physiker zur einzig möglichen methodologischen Position führen müßten, zur Position des dialektischen Materialismus. [48, S. 91]

Mobilisierung der Physik für die Verteidigung – die Zeit des zweiten Weltkrieges

Die Gefahr eines vom faschistischen Deutschland angezettelten Krieges in Europa, der in erster Linie gegen die Sowjetunion gerichtet sein würde, hatte Ioffe schon frühzeitig gesehen. Bereits im September 1934 erwähnte er dies in einem Brief an Plesch, und am 1. 11. 1935 schrieb er über einige Erfolge des Aufbaus im Lande und fuhr dann fort:

Die Kriegsgefahr insbesondere von Seiten Deutschlands ist der einzige dunkle Fleck. ... Solange aber unsere Union stark und fest genug ist, ist die Gefahr eines Krieges nicht so gross, jedenfalls nicht so nah. [134]

Dem nächsten Brief, aus dem zitiert wird, seien einige historische Eckdaten vorangestellt: am 19. 2. 1937 ordnete der deutsche Wissenschaftsminister Rust an, jeden wissenschaftlichen Schriftverkehr mit der Sowjetunion einzustellen, am 12./13. 3. 1938 erfolgte die „Angliederung" Österreichs an Deutschland, am 29./30. 9. 1938 kam das Münchener Abkommen zur deutschen Annexion tschechoslowakischer Gebiete zustande, am 9./10. 11. 1938 kam es zur sogenannten „Kristallnacht", dem antisemitischen Pogrom mit seinen schrecklichen Folgen in Deutschland. Am 24. 3. 1939 schrieb Ioffe an Plesch:

Lieber Freund, ... Wie viel Grausamkeit, Verrat und Gemeinheit aus Deutschland und auch aus manchen anderen Staaten verrichtet worden ist. Ich bin aus den beiden deutschen Akademien (Preussischen und Göttinger), wo ich zum korrespondierenden Mitgliede seinerzeit gewählt wurde, ausgetretten [das war am 15. 11. 1938 – H. K.]. Einen entsprechenden Brief musste ich ausgerechnet an M. Planck richten. Der Gedanke an einer Regierungsanstalt des gegenwärtigen Deutschen Staates – und die Akademie ist ja eine Regierungsanstalt – teilzunehmen war zu hässlich, wenn ich an die inneren und äusseren Räuberthaten denken muss. Mehr als je bin ich glücklich, das ich in einer sozialistischen Gesellschaft wohne, wo Rassenhass und Kulturhass unmöglich sind. ... Im Oktober 1939 findet endlich der Solvaycongress statt. Sollten zu der Zeit keine neuen Gefahren und politischen Verwicklungen bestehen, so möchte ich gerne hinfahren – natürlich über London. Es wäre zu schön um sich zu erlauben daran zu glauben. [134]

Eigentlich wäre 1936 der nächste Solvay-Kongreß fällig gewesen (von 1930 bis 1948 war Ioffe Mitglied des Solvay-Komitees), aber er wurde mehrfach verschoben; diesmal nun machte Deutschland einen Strich durch die Rechnung – am 1. September 1939 begann es den zweiten Weltkrieg. Mit dem Nichtangriffsvertrag vom 23. 8. 1939 hatte die UdSSR gehofft, einen möglichen Krieg mit Deutschland hinauszuzögern, bis man ökonomisch und militärisch einigermaßen gesichert sei, doch am 22. 6. 1941 überschritten deutsche Truppen die Grenze zur UdSSR.
Der XVIII. Parteitag der KPdSU im März 1939 hatte eine positive Bilanz der Wirtschaftsentwicklung gezogen – „Es ist eine Freude zu sehen wie Tausende von frischen jungen Kräften emporsteigen, wie Arbeiter und Bauern ökonomisch und kulturell wachsen", schrieb Ioffe im oben zitierten Brief – und mit dem 3. Fünfjahrplan war die Hoffnung verbunden gewesen, daß diese Entwicklung sich fortsetzen würde. Um die sozialistische Entwicklung noch besser unterstützen zu können, stellte Ioffe, der seit 1932 Deputierter des Leningrader Stadtsowjets war, den Antrag auf Aufnahme in die KPdSU, für die, die ihn kannten, ein folgerichtiger Schritt in seinem Leben. 1940, in seinem 60. Lebensjahr, wurde er Kandidat der Partei, und im Januar 1942 erfolgte die Aufnahme als Mitglied der KPdSU (B) – zu diesem Zeitpunkt befand sich die Sowjetunion bereits im erbitterten Abwehrkampf gegen die faschistischen Eroberer, standen die deutschen Armeen vor Moskau und Leningrad.
Vom ersten Tage des Krieges an hatte das LPTI unter Ioffes Leitung mit aller Kraft seine Aufgaben auf die Erfordernisse der Verteidigung umgestellt. Im Juli/August 1941 wurde ein großer Teil des Instituts nach Kazan evakuiert, wohin in den Kriegsjahren der Hauptteil der Akademieinstitute verlegt worden war, das Präsidium hatte ab Mitte 1942 seinen Sitz in Sverdlovsk. Das LPTI wurde großenteils in Räumen des Ethnographischen Museums der Kazaner Universität untergebracht. In Leningrad blieb eine kleinere Gruppe unter der Leitung von P. P. Kobeko. Während der Blockade Leningrads vollbrachte diese Gruppe Hervorragendes bei der Verteidigung der Stadt – u.a. untersuchte sie die mechanischen Eigenschaften des Eises, eine lebensnotwendige Aufgabe für die Sicherung des „Weges des Lebens" über den Ladoga-See während der Wintermonate, entwickelte dafür einen automati-

schen „Biegungsschreiber“ und stellte Regeln für die Fahrt von Autokolonnen über das Eis auf.
Eine kriegswichtige Forschungsaufgabe, an der Mitarbeiter des LPTI führend beteiligt waren, war die Entwicklung und der praktische Einsatz eines Entmagnetisierungssystems für Schiffe zum Schutz vor Magnetminen (A. P. Aleksandrov, I. V. Kurčatov, V. M. Tučkevič u. a.). Seit Mitte der dreißiger Jahre war das LPTI (J. B. Kobzarev, P. A. Pogorelko u. a.) neben dem Leningrader Elektrophysikalischen Institut und weiteren Einrichtungen in der Radarforschung engagiert, und diese Forschungen wurden nun wesentlich forciert und in einsetzbaren Geräten realisiert (die vom LPTI entwickelten Geräte dienten vor allem als Frühwarnsysteme bei der Luftabwehr). Die Forschungen über mechanische Eigenschaften von Festkörpern fanden Anwendung u. a. in der Konstruktion von Panzerplatten. Ioffe schrieb darüber etwas später an Plesch:

> Ich bin froh, daß ich einige Jahre vor dem Krieg die Gefahr voraussehen konnte und Forschung zu Kriegsproblemen begann, von denen es sich herausstellte, daß sie ganz am Anfang des Krieges von Nutzen wurden. (Brief vom 12. 3. 1943 [134])[1]

Vor der Gesamtversammlung der Akademie der Wissenschaften der UdSSR in Sverdlovsk sagte Ioffe am 7. Mai 1942:

> Die Rolle der Technik und folglich auch der Wissenschaft im gegenwärtigen Kriege ist hinlänglich bekannt. Uns allen ist die Bestimmung des gegenwärtigen Krieges durch Genossen Stalin als Krieg der Motore bekannt. In einem Gespräch, das ich mit Genossen Vorošilov hatte, charakterisierte er den gegenwärtigen Krieg auch als Krieg der Laboratorien, dessen Ausgang von den Erfolgen und Resultaten der wissenschaftlichen Forschungen abhängt. In der englischen Wochenzeitschrift „Nature“ wird der gegenwärtige Weltkrieg als Krieg der Physik bestimmt im Unterschied zum Krieg 1914–1918, den man oft Krieg der Chemie nannte. Für eine erfolgreiche Kriegsführung ist es unerläßlich, die Wissenschaft maximal zu mobilisieren. [27, S. 66]

Ioffe sprach davon, daß sich die wichtigen Kriegsaufgaben nicht allein im Laboratorium lösen lassen, sondern daß der Wissenschaftler auch in die Produktionsbetriebe oder in das Kampfgebiet

[1] Plesch schrieb seine Briefe ab Kriegsbeginn aus Protest nicht mehr in deutsch, sondern in englisch, und Ioffe antwortete ihm bis in die frühe Nachkriegszeit ebenfalls in englisch.

gehen müsse; er hob die übermäßigen Anstrengungen hervor, die Wissenschaftler unternahmen, um in kürzester Frist die benötigten Lösungen zu erarbeiten, und er erläuterte die wichtigsten Aufgaben der nächsten Zeit wie spezifische Forschungen zur Aerodynamik für die Flugzeugentwicklung, zur Optik für Luftbildtechnik oder Sichtgeräte, zur Funktechnik usw. Es sei nicht nur erforderlich, wissenschaftliche Erkenntnisse in neuen Geräten anzuwenden und neue Arbeitsformen zu finden, sondern es sei ebenso notwendig, eine Reihe neuer Erscheinungen überhaupt erst zu entdecken, um die Aufgaben zu lösen, die die Front stellt [27, S. 74]. Viele Physiker, die bisher nur Laboratoriumserfahrung hatten, mußten lernen, Anforderungen der Massenproduktion von Anfang an zu berücksichtigen. – Um die Aufgaben der Akademie während des Krieges besser organisieren zu können, wurden auf dieser Versammlung, statt der bisher zwei, sechs Vizepräsidenten gewählt. Einer davon war Ioffe (bis 1945), und gemeinsam mit dem Physiologen L. A. Orbeli war er für die Kazaner Institute zuständig. Zugleich war Ioffe Sekretär der Physikalisch-Mathematischen Abteilung der Akademie (1942–1949), und seit April 1942 leitete er u. a. eine Präsidiumskommission für wissenschaftlich-technische Probleme der Kriegsmarine, der Kurčatov als Sekretär angehörte.

Zu eigener wissenschaftlicher Arbeit kam Ioffe in diesen Kriegsjahren kaum; ein wenig war er an der Panzerplattenforschung beteiligt. Seine Hauptarbeit in dieser Zeit war die Organisation und Koordinierung der naturwissenschaftlichen Forschung für die Verteidigungsaufgaben. An Plesch schrieb er am 3. 10. 1944 aus Kazan u. a., daß seine Frau trotz aller Schwierigkeiten die wissenschaftliche Arbeit habe fortsetzen können, doch

ich war nicht so glücklich. Die Organisation und die Entwicklung der Verteidigungsarbeit meines Instituts und der Institute der Akademie benötigten all meine Energie. ... Für vierzig Jahre war ich es gewohnt, Laborarbeit mit meinen eigenen Händen zu machen. Es ist hart, solch eine Gewohnheit aufzugeben und gezwungen zu sein, jemanden anderes Arbeit zu kontrollieren. Ich hoffe, wieder in mein Laboratorium in Leningrad zurückzukommen. [134]

Selten gelang es, wissenschaftliche Ergebnisse so schnell in die Praxis zu überführen, wie in jenen schweren Jahren (zu den Forschungen jener Jahre vgl. u. a. [30; 60]). Dabei war von nicht zu

unterschätzender Bedeutung, daß es Ioffe unter diesen komplizierten Bedingungen gelang, eine optimistische Atmosphäre der Aufmunterung, Frische, Übereinstimmung und Hilfsbereitschaft zu schaffen. Sein Einfluß erwies sich nicht nur auf dem Gebiet der wissenschaftlichen Arbeit, sondern auch im Bereich der Lebensumstände der Wissenschaftler als wertvoll [83, S. 59]. Denn die Arbeits- und Lebensbedingungen der Wissenschaftler in dieser Zeit waren oft fast Frontbedingungen – „... unter Beschießung und Bombardement, im Frost ...“ [29, S. 6].
Die Kernforschungen am LPTI waren – wie an anderen Instituten – nach Evakuierung des Instituts zunächst wegen dringenderer Aufgaben abgebrochen worden. „Es ist jetzt nicht die Zeit für Kernforschung“, hatte Kurčatov erklärt [97, S. 52]. Das noch nicht fertiggestellte Zyklotron des LPTI beispielsweise blieb in Leningrad. Die Erfahrungen der Kernphysiker wurden für zunächst wichtiger erscheinende Dinge genutzt.

In dem Bestreben, alles Wissen für die Verteidigung zu geben, entstanden sinnreiche Geräte, in denen die subtilsten Methoden der Kernphysik für die Lösung konkreter Kriegs- oder Produktionsaufgaben genutzt wurden,

bemerkte Ioffe auf der Akademiesitzung im November 1942 anläßlich des 25. Jahrestages der Großen Sozialistischen Oktoberrevolution [28, S. 22]. Doch zu diesem Zeitpunkt war bereits eine neue Entscheidung gefallen. Semenov hatte das Volkskommissariat für Schwerindustrie bereits Ende 1940 auf die Möglichkeit hingewiesen, eine Atombombe zu bauen, und im Laufe des Jahres 1941 verdichteten sich die Anzeichen (u. a. keine Veröffentlichungen zum Atomproblem mehr in westlichen Zeitschriften), daß man im Ausland, insbesondere im faschistischen Deutschland, an einer Atombombe arbeiten würde. Insbesondere setzte sich Flerov für eine baldige Aufnahme der Atombombenforschung ein und begründete dies u. a. im Dezember 1941 in einem Vortrag in Kazan, an dem auch Ioffe, Kapica und andere teilnahmen; im Mai 1942 wandte sich Flerov direkt an das staatliche Verteidigungskomitee mit der Forderung, „unverzüglich mit der Herstellung der Uranbombe zu beginnen“ (zit. nach [97, S. 56]).
Die Sowjetregierung hatte inzwischen auch anderweitige Informationen, die besagten, daß in Deutschland wie in den USA an einer entsprechenden Waffe gearbeitet wurde, und erkundigte sich bei

Chlopin als dem Vorsitzenden der Urankommission der Akademie nach der Ansicht der Wissenschaftler; dieser empfahl ebenfalls die dringende Wiederaufnahme der Forschungen. Schließlich wurden Chlopin, Ioffe, Kapica und Vernadskij zur Konsultation nach Moskau berufen. Ioffe empfahl, die Leitung der Forschungen für die Atombombe Kurčatov zu übertragen als dem in der Sowjetunion erfahrensten Physiker auf diesem Gebiet. Am 21. Oktober 1942 wurde Kurčatov für diese neue Aufgabe berufen und begann ab Anfang 1943 für diesen Zweck in Moskau das sogenannte Laboratorium Nr. 2 der AdW der UdSSR zu organisieren [60, S. 109]. Ioffe wählte die besten Mitarbeiter des LPTI für diese neue Aufgabe aus, darunter L. A. Arcimovič, A. I. Alichanov, G. N. Flerov, L. M. Nemenov, und stellte Ausrüstungsmaterial aus dem LPTI zur Verfügung. Er traf sich in den folgenden Monaten regelmäßig mit Kurčatov, um mit ihm den Fortgang der Arbeiten zu beraten und ihn zu unterstützen, wo er konnte.

Der heldenhafte Kampf der Roten Armee im Großen Vaterländischen Krieg ebenso wie beeindruckende Leistungen der sowjetischen Wissenschaftler hatten unter der Bevölkerung der westlichen Alliierten spontan Sympathie für das sowjetische Volk aufkommen lassen. So wurden von ihnen im Jahre 1944 auch einige sowjetische Wissenschaftler geehrt; u. a. erhielt Kapica die Goldene Franklin-Medaille des Franklin-Instituts in Philadelphia/USA, und Ioffe wurde im April 1944 zum Ehrenmitglied der Britischen Physikalischen Gesellschaft gewählt [90]. Der sowjetische Staat hatte Ioffe für seine Leistungen anläßlich seines 60. Geburtstages mit dem Leninorden und 1942 mit dem Staatspreis ausgezeichnet. 1944 erhielt er die Medaille „Für die Verteidigung Leningrads" und 1945 erneut den Leninorden und die Medaille „Für heldenmütige Arbeit im Großen Vaterländischen Krieg 1941–1945".

So früh wie möglich bemühte sich Ioffe um die Rückführung des LPTI nach Leningrad. So schrieb er bereits am 3. 10. 1944, er habe Leningrad besucht, „da ich erwarte, in einigen Monaten zurückzukehren. Unsere Gebäude in Leningrad haben nicht allzuviel gelitten, außer meine eigene Wohnung ..." [134] Zwei Dinge nannte Ioffe in einem Brief vom 4. Dezember 1944 an Akademiepräsident Komarov als die zur Zeit für ihn wichtigsten und bat um Beschleunigung der Angelegenheit: die Rückführung der Kazaner

Akademieinstitute nach Leningrad und die Beendigung des Baues des Zyklotrons im LPTI [67, S. 560]. Im Februar 1945 nahm das Institut dort wieder die Arbeit auf. Forschungsschwerpunkt waren jetzt Kernphysik, Halbleiterphysik und Polymerenphysik.
Bis 1952 blieb Ioffe Mitglied des Präsidiums der Akademie. Sein Hauptanliegen bei der Organisation der sowjetischen Physik war es wiederum, ein ausgewogenes und den Erfordernissen entsprechendes Verhältnis zwischen Grundlagen- und angewandter Forschung zu sichern und auf allen Gebieten den Anschluß der sowjetischen Physik an den internationalen Stand wiederherzustellen. „Die Erfolge der Physik dienten als Grundlage für die Entwicklung der Technik, und die Technik wirkt auf die Physik zurück, beschleunigt ihre Entwicklung ...“ [33, S. 3], betonte er 1946 und hob hervor, wie wichtig es nicht zuletzt sei, daß die Technik der Wissenschaft modernste Geräte zur Verfügung stellt, wodurch die Wechselwirkung zwischen Wissenschaft und Technik auch zur Verkürzung der Überleitungszeiten führe. Andererseits machte er nachdrücklich deutlich:

> Viele Fragen, mit denen sich sowjetische Physiker beschäftigen werden, haben gegenwärtig keine unmittelbare Beziehung zur Praxis, aber die Ausarbeitung dieser Fragen ist unerläßlich für ein tiefes Verständnis des Aufbaus und der Eigenschaften der Stoffe. Als Beispiel erwähnen wir die Forschungen bei Temperaturen in der Nähe des absoluten Nullpunktes. [33, S. 7]

Als Hauptproblem physikalischer Forschung nennen Ioffe und Vul in diesem Artikel die Erforschung des Atomkerns (auch im Hinblick auf die Frage der Nutzung der Kernenergie) und im Zusammenhang damit der kosmischen Strahlung, Fragen der Energieumwandlung, der Erarbeitung neuer Materialien, der Radio- und Elektronenphysik.
Die Herausforderung des Krieges, die zu einem Anstieg der Schöpferkraft der Menschen nicht nur in der Sowjetunion geführt habe, müsse nun in friedlichen Zeiten ihre Fortsetzung finden, betonte Ioffe. Weitsichtig erklärte er: „Wir dürfen nicht daran zweifeln, daß vor uns eine Epoche von noch nie dagewesener stürmischer Entwicklung der Wissenschaft und grundlegender Umwandlung der Technik liegt.“ [34, S. 22]

Ioffe und die Entwicklung der Halbleiterphysik in der Sowjetunion

Ein Gebiet physikalischer Forschung, das während des Krieges in der Sowjetunion infolge anderer dringenderer Aufgaben erheblich an Boden verloren hatte, war die Erforschung der Halbleiter – und das waren ausgerechnet jene Materialien, denen Ioffe schon im September 1931 auf der ersten Halbleiterkonferenz in Leningrad (damals unter der Bezeichnung „Konferenz über Festkörpergleichrichter und Fotoelemente") prophezeit hatte, daß „vor ihnen eine große technische Zukunft" [48, S. 140] liege. In seinem Vortrag hatte er deutlich gemacht, daß die Halbleiter einen Zugang zu vielen physikalischen Problemstellungen eröffnen und gleichzeitig ihre technische Anwendung zahlreiche neuartige Perspektiven bietet und bezeichnete sie als eines der gegenwärtig „zentralen Probleme sowohl der Physik wie der Technik" [48, S. 141]. Er hatte deshalb ihre Bearbeitung empfohlen und selbst im Leningrader Physikalisch-Technischen Institut damit begonnen. „Die schnelle Entwicklung der technischen Anwendung der Halbleiter überrumpelte ihre Theorie" [14, S. 111], konstatierte er mit Blick auf die Fotoelemente.
Der Festkörper war ja von Anfang an Ioffes Hauptforschungsgebiet, und Fragen der elektrischen Leitfähigkeit bildeten dabei immer einen Schwerpunkt. Mit der Entwicklung der Quantenmechanik ergaben sich neue Möglichkeiten zum Verständnis der Leitfähigkeitsphänomene im Festkörper. Insbesondere die Münchener Schule um Sommerfeld stellte diese Fragen in den Mittelpunkt ihrer Betrachtungen, und Ende 1927 veröffentlichte Sommerfeld seine ersten Überlegungen „Zur Elektronentheorie der Metalle". Heisenbergs Schüler Felix Bloch vollzog 1928 den endgültigen Übergang zu einer Quantenmechanik des Elektrons im Kristallgitter mit dem daraus resultierenden sogenannten Bändermodell zur Beschreibung des Leitungsmechanismus. Auf der anderen Seite war es die Göttinger Schule um Pohl, die sich in den zwanziger Jahren vor allem mit der experimentellen Festkörperphysik befaßte, wobei die Untersuchung des Fotoeffektes eine

wichtige Rolle spielte und insbesondere Alkalihalogenidkristalle als Modellsubstanzen dienten. In der Nachrichtentechnik begannen in den zwanziger Jahren aus verschiedenen Gründen Überlegungen, die Elektronenröhre wieder durch Festkörperbauelemente abzulösen. Der Braunsche Kristall-Detektor als erstes Bauelement auf diesem Sektor war ja ein Festkörper gewesen. Halbleitersubstanzen wie Selen wurden als Gleichrichter in der Nachrichtentechnik oder als Fotozellen zur Messung von Lichtintensitäten eingesetzt. 1926 erschien die Monographie des Göttinger Physikers Bernhard Gudden über „Lichtelektrische Erscheinungen". 1926 kam in den USA mit dem von Grondahl erfundenen Kupferoxydul-Gleichrichter ein weiteres Halbleiterbauelement auf den Markt. An Hand des Kupferoxydul-Gleichrichters entwickelte Walter Schottky vom Berliner Siemens-Konzern 1929 erste Ansätze zu einer Theorie des Halbleiter-Gleichrichters.

Ioffe hatte diese Entwicklungen aufmerksam verfolgt, kannte den Forschungsstand z. T. aus den zahlreichen persönlichen Gesprächen auf seinen Reisen, und so ist es nicht verwunderlich, daß sein strategischer Geist Anfang der dreißiger Jahre auf dieser Grundlage schlußfolgerte, daß es höchste Zeit sei, den Halbleitern verstärkte Aufmerksamkeit zu widmen. Zunächst wandte er sich dem Studium der Elektronenleitfähigkeit im Halbleiter zu. 1931 erarbeitete er mit J. I. Frenkel' eine Theorie der Gleichrichtung am Kontakt Metall-Halbleiter. An Ehrenfest (demgegenüber er die Halbleiterforschung erstmals in einem Brief vom 20. November 1931 erwähnte [79, S. 291]) schrieb er darüber am 6. Dezember 1931:

Eine andere Frage, mit der ich mich befasse, sind die Halbleiter. Und ich habe hier einen Mechanismus erdacht, der allem Anschein nach alles erklärt. Den Artikel habe ich gemeinsam mit Frenkel' geschrieben. Es erscheint alles in unserer neuen Zeitschrift „Physik. Z. Sowjet Union", die in Charkow herausgegeben wird. [79, S. 293]

Diese grundlegende, in englischer Sprache abgefaßte Abhandlung von Ioffe und Frenkel' unter dem Titel „Über elektrische und fotoelektrische Eigenschaften von Kontakten zwischen Metall und Halbleiter" [46, II, S. 133–155] trägt als Eingangsdatum den 1. Dezember 1931. Das ist insofern von Bedeutung, als damit die Priori-

tät gesichert ist gegenüber zwei fast gleichzeitig in anderen Ländern erschienenen Arbeiten zur gleichen Thematik der Aufklärung des Gleichrichtereffektes, der damals eine entscheidende Rolle zukam: die Arbeit von Alan H. Wilson zur Theorie der Gleichrichtung in den Proceedings der Royal Society London (eingegangen 5. Januar 1932) und die Arbeit von Lothar Nordheim zur Theorie der Detektorwirkung in der Zeitschrift für Physik (eingegangen 8. März 1932 – letzterer verweist bereits in einer bei der Korrektur nachgetragenen Fußnote auf Ioffe/Frenkel').
Frenkel' hatte 1930 das quantenmechanische Konzept des Tunnelmechanismus beim Elektronenübergang durch eine Potentialbarriere (Gleichrichtereffekt) erfolgreich auf einen Metall-Metall-Kontakt angewendet, nun bewies dieses Konzept seine Leistungsfähigkeit beim Metall-Halbleiter-Kontakt.

Diese Gleichzeitigkeit ist ein Beweis für die hohe Aktualität und die internationale Klasse, die die sowjetische Halbleiterphysik bereits in jenen frühen Jahren ganz wesentlich dank Ioffes Wirken erreicht hatte. [96, S. 110]

Zugleich ist diese Arbeit wiederum ein schönes Beispiel für das von Ioffe immer wieder angestrebte Prinzip der Einheit von experimenteller und theoretischer Methode, denn nach seiner Überzeugung ließen sich nur auf dieser Grundlage im 20. Jahrhundert wirkliche wissenschaftliche Fortschritte erzielen [38, S. 7ff., S. 352ff.].
Rein äußerlich kann man das Eindringen der Halbleiterforschung in das LPTI an der Institutsstruktur verfolgen. Nach der Struktur vom 13. 2. 1931 [67, S. 266] war noch keine Halbleiterforschung explizit vorgesehen, doch in der veränderten Struktur per 20. 1. 1932 (die begrifflich stark an das Vorbild der Produktion angelehnt war) fand sich in der sogenannten Gruppe I (Energetische Fragen, Leitung A. F. Ioffe) neben Brigade 1 (Fotoelektrizität – D. N. Nasledov) oder Brigade 2 (Thermoelektrizität – N. I. Dobronravov) auch eine Brigade 6 mit der Thematik „Halbleiter" unter A. N. Arsen'eva [67, S. 272]. Ein Jahr später befanden sich in der von Ioffe geleiteten Abteilung I mit der Bezeichnung „Festkörper" bereits drei Laboratorien (Ioffe war wieder zur alten Bezeichnung zurückgekehrt) zur Erforschung von Halbleitereigenschaften mit den Leitern Nasledov, Arsen'eva und Gochberg [67, S. 273]; die Abteilung Theoretische Physik leitete Frenkel'. Im Tätigkeitsbe-

15 A. F. Ioffe im Laboratorium des Physikalisch-Technischen Instituts in Leningrad (um 1940)

richt des LPTI für das Jahr 1933 betonte Ioffe, daß die gesamte Forschungstechnik des Instituts in diesem Jahr um die beiden zentralen Probleme der Physik – Probleme des Atomkerns und des festen Körpers – konzentriert war und daß man insbesondere auf letzterem eine Reihe von Resultaten erzielen konnte, die „die Aufmerksamkeit der bedeutendsten Wissenschaftler der Welt auf sich zogen" [87, S. 72], wobei die Halbleiter eine wichtige Rolle spielten.

Bei der Halbleiterproblematik wollte er nicht nur Anreger für die Forschung sein, sondern auf diesem Gebiet sah der fünfzigjährige Ioffe noch einmal die Möglichkeit, selbst entscheidend mitzuwirken, denn hier bestand ja eine direkte Anknüpfungsmöglichkeit an seine früheren Festkörperarbeiten. Was die experimentelle Seite dieser Arbeiten betraf, so arbeitete er hierbei in den folgenden Jahren besonders eng mit seiner Frau Anna Vasil'evna zusammen. Mit welcher Begeisterung er sich diesen Forschungen widmete, geht besonders aus seinen Briefen an Plesch hervor. So heißt es im Brief vom 18. Dezember 1933:

In unserer Arbeit stehen wir vor entscheidenden Versuchen. Sollen sie erwartungsgemäß ausfallen, so werden sie einen wesentlichen Schritt vorwärts bedeuten. Ich schreibe Ihnen dann darüber. [134]

Und im Brief vom 24. Juli 1934 folgt die Bemerkung:

Mit unserer Arbeit bin ich zufrieden. Es ist uns gelungen, die verwickelten Erscheinungen der Halbleiter genügend klar zu verstehen. Wir sind jetzt daran, die Resultate in drei Arbeiten zusammenzufassen. Zugleich erscheint in Frankreich eine Zusammenfassung der gesamten Frage der Halbleiter (in erster Linie natürlich unsere Resultate). [134]

Die genannte 35seitige französische Veröffentlichung kam in Paris 1934 gewissermaßen im Ergebnis des Kongresses für Physikalische Chemie 1933, an dem Ioffe teilgenommen hatte, unter der Reihenüberschrift „Actualités scientifiques et industrielles" heraus und war im Prinzip eine überarbeitete Fassung der bereits 1933 als Band 1 der Serie „Probleme der neuesten Physik" („Problemy novejšej fiziki") erschienenen ersten kleinen Monographie Ioffes über „Elektronenhalbleiter"; in beide flossen viele Ergebnisse der jüngsten Arbeiten am LPTI ein. Hier sei noch aus der Einleitung zitiert, da sich kaum anderswo bereits zu diesem frühen Zeitpunkt eine derart klare und umfassende Einschätzung der Bedeutung der Halbleiterforschung findet:

Die Erforschung der Halbleiter ist gegenwärtig von außerordentlichem Interesse sowohl vom theoretischen als auch vom praktischen Standpunkt. Theoretisch kann man an den Halbleitern die energetischen Niveaus der Elektronen und ihr Verhalten im Kristallgitter unter dem Einfluß der Wärmebewegung, des Lichtes, des elektrischen und magnetischen Feldes studieren. Im Lichte der neuen Quantenmechanik erlauben diese Angaben, tief in die elektrischen Eigenschaften der Materie einzudringen. Metalle und Isolatoren sind von diesem Standpunkt aus entartete Grenzfälle [aus heutiger Sicht etwas überzogen – H. K.].
Die praktische Bedeutung der Halbleiter wird bestimmt durch ihre Gleichrichtereigenschaften (in der Radiotechnik, für Wechselströme, in der Hochspannungs- und Meßtechnik) sowie ihre fotoelektrischen Erscheinungen (Veränderung des Widerstandes bei Beleuchtung und Auftreten elektromotorischer Kräfte an der Grenze mit Metallen oder Elektrolyten) ..." [18, S. 7]

In einem 1939 für die „Priroda" geschriebenen populären Überblicksartikel über den Stand der Halbleiterforschungen betonte er abschließend: „Vor der sowjetischen Physik, vor den Laboratorien, die mit der Erforschung der Halbleiter beschäftigt sind, steht die Aufgabe, Initiator des Fortschritts auf dem Gebiet zu sein." [48, S. 160] Die vorliegenden Forschungsergebnisse – inzwischen nicht nur am LPTI – berechtigten zu diesem Anspruch. Es kann hier nicht die gesamte Forschungsarbeit jener Jahre referiert werden, denn Ioffes Forschungsprogramm war von Anfang an sehr breit angelegt, doch soll wenigstens einiges angedeutet sein. Schwerpunkte der Halbleiterforschung waren am LPTI in den dreißiger Jahren: elektronische Struktur von Halbleiterkristallen und der Beitrag von Verunreinigungen zu ihren elektrischen Eigenschaften, fotoelektrische Eigenschaften der Halbleiter, Gleichrichtereffekte, kinetische Phänomene (vgl. z. B. [68a] oder [80, S. 27ff.]).

Kurčatov und Žuze zeigten 1932 erstmals die Abhängigkeit der elektrischen Leitung im Halbleiter von der Konzentration der Verunreinigungen. 1933 fanden Kikoin und Noskov den fotoelektromagnetischen Effekt. A. F. und A. V. Ioffe entdeckten den sogenannten negativen Fotoeffekt (1935). 1937 nahmen A. F. und A. V. Ioffe eine Reihe von Versuchen auf, um die Bedingungen der Gleichrichtung im Halbleiter genauer zu untersuchen; darauf bauten dann um 1939/40 die Arbeiten zur Theorie der Gleichrichtung am Kontakt Halbleiter-Halbleiter (p-n-Übergang) von B. I. Davydov (LPTI), D. I. Blochincev (Moskau) und S. I. Pekar (Kiev) auf (unabhängig von Schottky in Deutschland und N. Mott in England). Schließlich ist die Excitonen-Theorie von Frenkel' (1939) zu erwähnen.

Mit dem Fortgang seiner Halbleiterforschungen war Ioffe insgesamt gesehen sehr zufrieden, und so äußerte er sich am 1. Januar 1937 gegenüber Plesch:

Ich schrieb Ihnen schon, dass meine wissenschaftlichen Arbeiten sich günstig entwickeln. Wenn es so weiter geht, werde ich sagen können, das ich nicht umsonst auf der Welt gelebt habe. [134]

Am 23. Februar 1938 teilte er ihm dann mit:

Mit meiner wissenschaftlichen Arbeit bin ich im allgemeinen zufrieden. Die theoretischen Erwartungen haben sich bestätigt. Ausser einer neuen physikalischen Einsicht in die Verhältnisse in Halbleitern, neuen physikalischen Erscheinungen und Gesetzmäßigkeiten, die wir gefunden haben, gelang es uns auch, einen wesentlichen technischen Fortschritt zu machen. ... Einen großen Anteil an diesen Resultaten hat Anna Wassiljewna. [134]

Die technische Anwendung lag Ioffe ja von Anfang an am Herzen. Ende der dreißiger Jahre nahm die sowjetische Industrie u.a. die Produktion von Gleichrichtern für Selbstblockungssysteme der Eisenbahn auf, begann die Produktion von Gleichrichtern für Ströme von mehreren tausend Ampère für die Elektrolyse usw., wurden verschiedene Typen von Selengleichrichtern und Selenfotometern produziert, gelang es im LPTI, einen neuen Kupfersulfid-Gleichrichter mit kleineren Abmaßen und wesentlich billiger als vergleichbare Typen herzustellen [48, S. 159]. Davon war Ioffe sehr angetan, wie auch folgende Briefstelle zeigt:

In den letzten 2 Jahren haben wir eine Reihe technischer Fragen zu lösen versucht. Es ist uns gelungen, praktisch wichtige Resultate zu erzielen. Zugleich hat sich aber gezeigt, dass eine weitgehende Entwicklung der theoretischen Vorstellungen unumgänglich geworden ist. In dieser Richtung sind wir ziemlich weit fortgeschritten. Wie immer, rufen Erfolge eine optimistische Stimmung und neue Pläne der Entwicklung unserer Arbeit hervor. Vor 8 Jahren habe ich in der Presse gewisse Hoffnungen ausgesprochen über die Anwendung von Halbleitern in verschiedenen praktischen Fragen. Damals wurde meine Profezeihung als phantastisch empfunden. Jetzt ist sie weit überschritten. Es ist natürlich recht angenehm, dies zeigen zu können. Ich hoffe mit meiner Arbeit meinem Lande und dem Aufbau der sozialistischen Gesellschaft wirklich Nutzen zu bringen – es ist das beste, was ich mir wünschen kann. (Brief vom 24. Mai 1939 [134]).

Der Krieg unterbrach die Halbleiterforschung in der UdSSR weitgehend. Da andererseits in Ländern wie den USA, aber auch Deutschland, im Rahmen der Entwicklung elektronischer Kriegstechnik in dieser Zeit die Halbleiterforschung forciert werden konnte, hatte die Sowjetunion nicht nur ihre einstige Position an der Spitze der Forschung eingebüßt, sondern war sogar erheblich in Rückstand geraten. Bereits Anfang 1946 machte Ioffe deshalb auf die Notwendigkeit aufmerksam, die Halbleiterforschung fortzusetzen, nennt unter ihren Anwendungsperspektiven auch die Möglichkeiten des Verstärkers [32, S. 13]. Mitte 1948 wurde die Entdeckung des Transistoreffekts Ende 1947 durch John Bardeen, Walter Brattain und William Shockley in den Bell Laboratorien/USA allgemein bekannt und damit nicht nur Ioffes Voraussage bestätigt, sondern der Halbleiterforschung insgesamt ein enormer Impuls verliehen.

Doch war es für Ioffe nicht so einfach, die Halbleiterforschungen

in dem kriegszerstörten Lande sofort in dem Maße zu entwickeln, wie er es für notwendig erachtete. Hinzu kam, daß die Sowjetunion in den Nachkriegsjahren alle Kräfte darauf konzentrierte, das Atombombenmonopol der USA schnellstmöglich zu brechen. Das LPTI hatte dazu nicht nur alle seine früheren Kernphysiker an die Gruppe um Kurčatov abgegeben, sondern auch alle geeigneten Geräte zur Verfügung gestellt, mußte aber außerdem selbst noch entsprechende Themen übernehmen, vor allem widmete es sich der Isotopentrennung, einer wichtigen Teilaufgabe des Atombombenproblems [91, S. 11, S. 25]. Das Halbleiterproblem wurde so gut wie gestrichen. Ioffe blieb nur ein kleines Laboratorium zur Halbleiterforschung mit wenigen Kräften. Er war jedoch der Meinung, daß man über dem Atombombenproblem nicht die anderen Forschungen vergessen dürfe [83, S. 138].
Zudem eckte Ioffe zu jener Zeit, als es notwendigerweise um eine schnelle Entwicklung der Technik ging, bei kurzsichtigen Vertretern staatlicher Leitungsorgane auch mit seiner Forderung an, zu den Halbleitern und anderen Problemen zunächst die Grundlagenforschung stärker zu entwickeln und nicht nur Vorhandenes anzuwenden. – Ioffe wandte sich auch begründet gegen eine Verkürzung der Physikausbildung an der Technischen Hochschule [87, S. 286–289]. All dies führte offensichtlich dazu, daß Ioffe an höchsten Stellen der damaligen Stalinschen Staatsbürokratie in Ungnade fiel, und schließlich konnte der Nachkriegspräsident der Akademie, S. I. Vavilov, nicht umhin, den „sehr kategorischen Befehl, Ioffe vom Posten des Direktors zu entheben“ [67, S. 567], auszuführen.
Im Oktober 1950, praktisch zu seinem 70. Geburtstag, muß Ioffe die Leitung seines geliebten Leningrader Physikalisch-Technischen Instituts, das er 30 Jahre lang geformt hatte, abgeben (offizielle Ablösung zum 8. Dezember). Sein Nachfolger wird im Dezember der Kernphysiker Anton Komar, der 1930–1936 ebenfalls am LPTI gearbeitet hatte und 1946 an der Entwicklung des ersten sowjetischen Betatrons beteiligt war. Das Verhältnis Ioffe-Komar war nicht gut; Komar ließ es in dieser Situation nicht nur am notwendigen Takt gegenüber Ioffe fehlen [75, S. 19], sondern er versuchte wohl auch sehr rigoros „seine wissenschaftlichen Pläne zu verwirklichen“ [83, S. 60]. So verließ Ioffe bald darauf das Institut völlig. Doch aufgeben und künftig sein Leben als Rentner zu ver-

bringen, war seine Sache nicht. Dafür brannte er viel zu sehr für die Halbleiterforschung und war vor allem überzeugt davon, daß in seiner Heimat dringend etwas dafür getan werden müßte, sollte die künftige sozialistische Technik gesichert werden.
Noch war Ioffe Mitglied des Präsidiums der Akademie. Mit erstaunlicher Energie vertiefte er sich in die Literatur über die inzwischen im Ausland durchgeführten Arbeiten. Im Oktober 1950 fand in Kiev die VII. Konferenz über Halbleitereigenschaften statt, die erste nach dem Kriege, und Ioffe sprach über die gegenwärtigen Aufgaben der Halbleiterforschung. Am 25. November 1950 hielt er vor der Physikalisch-Mathematischen Abteilung der AdW einen Vortrag über ungelöste Fragen der Halbleitertheorie [39]. In einem Bericht an die Akademieleitung vom März 1952 verwies er auf die vor allem in den USA zu verzeichnende stürmische Entwicklung der Halbleiterelektronik und machte deutlich, daß die Sowjetunion ihre Arbeit auf diesem Gebiet erheblich verstärken müsse. Mit Wirkung vom 1. April 1952 wurde unter seiner Leitung bei der AdW der UdSSR ein Halbleiter-Laboratorium gegründet [87, S. 150], Ende 1954 wurde es zum Institut erhoben, und Ioffe wurde 1955 sein Direktor. Verschiedene seiner alten Mitarbeiter kamen aus dem LPTI in das neue Laboratorium und spätere Halbleiterinstitut. Die Bedingungen, unter denen Ioffe erneut seine wissenschaftsorganisatorische und wissenschaftliche Tätigkeit entfaltete, waren nicht leicht – es fehlte an Leuten, an Geräten, an Material [67, S. 569]. Doch Ioffe war voller Schaffenskraft. An Plesch schrieb er später ohne viel Aufhebens:

> Aus dem alten Institut, das ich seinerzeit errichtete, bin ich ausgetreten und baue jetzt ein neues für Halbleiter, an denen sowohl ich wie auch Anna Vassiljevna besonders interessiert sind. Ich bekam zu dem Zwecke den Bau der Französischen Gesandschaft an der Newa ... (Brief vom 29. August 1956 [134])
> ... schön von Aussen und besonders im Innern. (Brief vom 17. Februar 1957 [134])

Daß dieses Institut mit seinem Leiter wieder an vorderster Front der Halbleiterforschung mitwirkte, dokumentiert nicht zuletzt das internationale Auftreten seiner Mitarbeiter. 1956 nahm Ioffe an der Internationalen Halbleiterkonferenz in Ottawa/Kanada teil, und 1957 wurde er zum Vizepräsidenten der Internationalen Union für reine und angewandte Physik sowie zum Vorsitzenden

16 a) Gebäude des Instituts für Halbleiter am Leningrader Nevaufer (2. Gebäude v. r.)
b) Gedenktafel am Gebäude
(Aufnahmen 1986)

der internationalen Kommission für Halbleiterphysik gewählt. Seine grundlegende Monographie „Physik der Halbleiter" (1. Auflage Moskau 1954) erschien 1958 auch in der DDR in deutscher Sprache. [108] – 1955 wurde Ioffe als „Held der sozialistischen Arbeit" ausgezeichnet.

Große Anwendungsmöglichkeiten versprach sich Ioffe von Halbleiter-Thermoelementen. Der thermoelektrische Effekt wurde 1821 von Thomas Seebeck entdeckt – zwei Drähte aus unterschiedlichen Metallen, an einer Stelle verbunden, geben an den freien Enden bei einer Temperaturdifferenz zur Verbindungsstelle eine Spannung ab. 1834 fand Jean Peltier den umgekehrten Effekt. Die Nutzung dieses Effektes zur Erzeugung elektrischer Energie in einem thermoelektrischen Generator wurde erstmals 1909 vorgeschlagen, doch lag der Wirkungsgrad kaum höher als bei 0,5 %. Ioffe schlug bereits 1931 vor, an Stelle der Metalle Halbleiter zu verwenden und erhoffte sich daraus eine Steigerung des Wirkungsgrades auf etwa 4 %. In den dreißiger Jahren liefen am LPTI dazu verschiedene Untersuchungen, 1938 schuf N. L. Pisarenko eine mikroskopische Theorie der Thermoelektrizität, und 1939 konnte J. P. Maslakovec ein Thermoelement auf der Basis von Bleisulfid und Schwefel mit einem Wirkungsgrad von 3 % entwickeln, das im Krieg sogar in Rundfunkempfängern eingesetzt werden konnte.

Nach 1945 intensivierte Ioffe die Forschungen zur Thermoelektrizität am LPTI und stieg 1950 selbst gemeinsam mit A. V. Ioffe in diese Forschungen stärker ein, entwickelte die energetischen Grundlagen für thermoelektrische Batterien auf Halbleiterbasis und propagierte gleichzeitig ihre Anwendungsmöglichkeiten [83, S. 8], doch reagierte die Industrie noch sehr zurückhaltend. Lediglich das Ministerium für Nachrichtenverbindungen ließ in einer kleinen Leningrader Werkstatt einige spezielle Thermoelemente entwickeln und fertigen [83, S. 82]. 1951 erarbeitete L. S. Stil'bans unter Ioffes Anleitung die ersten Kühlelemente auf Halbleiterbasis. 1956 schrieb Ioffe ein Buch über Halbleiter-Thermoelemente [105], aber auch Ende 1958 mußte er noch beklagen, daß es kaum eine Nutzung in der Praxis gab [106, S. 37]. Doch er blieb Optimist, und heute können wir feststellen, daß Thermoelemente auf verschiedenen Gebieten der Technik Anwendung gefunden haben – vom Kühlelement im Kühlschrank bis zur Meßtechnik –, wenngleich noch nicht in dem Umfang, wie Ioffe es sich erträumt hatte [1].

Während nach der Entdeckung des Transistoreffekts vielerorts vor allem die Erforschung der Halbleiter Germanium und Silizium forciert wurde, wandte Ioffe seinen Blick bereits in die weitere Zukunft und nahm an seinem neuen Halbleiterinstitut Forschungen zu amorphen und flüssigen Halbleitern sowie zu festen Lösungen auf. Aus diesen Untersuchungen entstand 1960 von Ioffe und seinem Schüler A. R. Regel' die erste systematische Abhandlung über die elektrischen Eigenschaften amorpher und flüssiger Elektronenhalbleiter [46, II, S. 411–468].

Ioffe war sich im klaren darüber, daß die Halbleiterforschung erst am Anfang stand, und sah zugleich, daß sie eine der wichtigsten Grundlagen der konkreten Technik der nächsten Zukunft war. Dabei machte er vor allem deutlich, daß eine erfolgreiche Forschung von der Weiterentwicklung der Theorie abhängt – nicht einer abstrakten Theorie, sondern einer Theorie, die auf die experimentellen Realitäten Bezug nimmt, wie es seinem methodologisch orientierten Theorieverständnis entsprach. Im Zusammenhang mit der Diskussion um die vor der sowjetischen Wissenschaft stehenden Aufgaben im damaligen Siebenjahrplan und dem Beitrag seines Institutes dazu schrieb er:

17 A. F. Ioffe in seinem Arbeitszimmer im Halbleiterinstitut im Jahre 1958.

Die Erfahrungen aus 30 Jahren Studium der Halbleiter brachten mich zu der Überzeugung, daß ihre bisher bestehende Theorie noch längst nicht vollständig und sehr einseitig ist. Sie erfaßt nur die Eigenschaften jener Halbleiter, die in der Radiotechnik angewendet werden. Es ist sehr wichtig, eine Halbleitertheorie auf neuen Grundlagen zu erbauen, die sich aus einer allseitigen Erforschung der wärmephysikalischen, mechanischen, elektrischen und magnetischen sowie optischen Eigenschaften in weitesten Grenzen von Temperatur, Druck und anderen äußeren Einwirkungen ergeben. Wenn wir diese Aufgabe nicht lösen, werden wir auch nicht die Aufgaben der Energetik, der Wärmetechnik und der Automatisierung bewältigen. [45]

Einen vielbeachteten Vortrag über zukünftige Halbleiterforschungen hielt Ioffe noch einmal auf der Internationalen Halbleiterkonferenz am 29. August 1960 in Prag. Darin hob er besonders hervor, daß das Forschungsinteresse sich neuen Materialien zuwenden wird, insbesondere komplizierten chemischen Verbindungen, und daß damit neue Phänomene zu erwarten seien, die die Kenntnisse über Halbleiter wesentlich bereichern werden. Er schloß mit dem Wunsch, die Halbleiterphysik in 10 Jahren erneut betrachten zu können: „Was wir heute Halbleiter nennen, wird dann wahrscheinlich nur als eine kleine Ecke eines großen Feldes erscheinen." [107, S. 12]

Weitere Facetten zu einem Persönlichkeitsbild

Zu seinem 75. Geburtstag erhielt Ioffe ein Telegramm von Kapica, Landau und einigen weiteren Schülern. Auch wenn man von den zu solchen Gelegenheiten wohlgesetzten Worten absieht, so drükken diese Sätze doch das aus, was wohl die Mehrheit der sowjetischen Physiker gegenüber Ioffe empfand:

Lieber Abram Fedorovič!
Es gibt bei uns keinen Physiker, der dankbarere und ergebenere Schüler hätte. Und weil heute Ihr Feiertag ist, ist das ein Feiertag der ganzen sowjetischen Physik.
An diesem Tage erinnern sich Ihre alten Schüler, Ihre alten Mitarbeiter mit tiefer Dankbarkeit Ihrer Aufmerksamkeit und Sorge um sie, und erinnern sich an Ihr Institut – an jenes Institut, in dem sie lernten, Wissenschaft zu lieben und zu machen – mit jenem warmen Gefühl, mit dem man sich nur an sein altes Vaterhaus erinnern kann. (zit. nach [91, S. 70])

Diese Sätze sagen etwas aus über die Atmosphäre, die Ioffe in seinem Institut und in seinen Seminaren zu schaffen vermochte, indem er seine Liebe zur Wissenschaft auf die anderen zu übertragen versuchte. Das geschah durchaus auch mit Strenge in der Sache, wenngleich Ioffe selten streng kritisierte oder Unzufriedenheit äußerte. Im allgemeinen gab er Ratschläge und ließ die Leute entsprechend ihren Vorstellungen arbeiten.
Inhaltlich wurde die Ioffesche Schule durch die Festkörperthematik oder allgemeiner die Struktur der Stoffe bestimmt, einem zentralen Thema der internationalen Physik jener Zeit, wobei ein spezifisches Charakteristikum in der engen Verbindung von Physik und Technik bestand.

Ioffe hat es innerhalb seiner Schule verstanden, die enge Verbindung und das Zusammenwirken von theoretischer Physik, experimenteller Physik und physikalischer Begründung der Technik herzustellen. [124, S. 112]

Andererseits war Ioffes Schule darauf nicht ausschließlich festgelegt – seine Schüler arbeiteten auf fast allen Gebieten der Physik. Das besondere seiner Schule lag wohl auch darin, daß er selbst ein

18 Diskussion zwischen P. L. Kapica, I. V. Kurčatov und A. F. Ioffe (von links nach rechts) in den Räumen des Akademiepräsidiums 1959.

Gespür für das Neue in der Physik besaß, indem er ihre Entwicklung aufmerksam verfolgte, neue Ideen sofort diskutierte und Anregungen weitergab. Dabei hielt er sich auch nicht an einmal festgelegte Organisationsstrukturen im Institut, sondern veränderte sie nach Maßgabe der Dinge und ließ sich nicht entmutigen, wenn sich Erfolge nicht sofort einstellten.

Wir, seine Assistenten, verloren in dieser Zeit oftmals den Mut [z.B. als es um Anwendungen der Halbleiterforschung oder der Agrophysik ging – H.K.], aber er, dank seines unausrottbaren Optimismus, ging unbeirrt vorwärts. Freilich kam es vor, daß A.F. sich irrte und in unbedeutenden Fragen war das in der Tat nicht so selten, aber in den großen erwies sich, daß er in der überwältigenden Mehrheit der Fälle Recht hatte – und wir haben uns davon zahllose Male überzeugt,

schrieben seine Mitarbeiter A. Regel' und L. Stil'bans [64a, S.2675]. Die genaue Zahl der Schüler ist kaum angebbar, da durch die engen Beziehungen zwischen der Leningrader Technischen Hochschule und dem Leningrader Physikalisch-Technischen Institut und das starke Anwachsen der Mitarbeiterzahl im LPTI sich auch viele Mitarbeiter, die einige Zeit unter Ioffes Anleitung gearbeitet hatten, als seine Schüler betrachteten (Tafel 3 gibt eine Auswahl der bedeutendsten Schüler Ioffes); darunter sind wenigstens drei Nobelpreisträger (Kapica, Landau, Semenov), mehr als zehn Akademiemitglieder und noch mehr korrespondierende Akademiemitglieder.

Tafel 3

Auswahl von Schülern Ioffes, die selbst wieder Schulen bildeten

Semenov: „Ich denke, daß in allen Zeiten unter keinem Volke ein Physiker war, er ähnlich Ioffe eine solche riesige Zahl bedeutender Wissenschaftler aus seinen Schülern herausgebildet hätte." [83, S. 9]

A. P. Aleksandrov	L. D. Landau
A. I. Alichanov	V. E. Laškarev
L. A. Arcimovič	A. I. Lejpunskij
J. B. Chariton	P. I. Lukirskij
J. I. Frenkel'	I. V. Obreimov
P. L. Kapica	N. N. Semenov
B. P. Konstantinov	K. D. Sinel'nikov
G. V. Kurdjumov	A. K. Val'ter
I. V. Kurčatov	

Die richtige Kaderauswahl für die entsprechenden Aufgaben lag Ioffe immer sehr am Herzen. Als im Zusammenhang mit den Umstrukturierungen in der Akademie Ende der zwanziger Jahre die Zuwahl einer größeren Anzahl von Akademiemitgliedern auf der Tagesordnung stand (vgl. [116, S. 393f.]), schrieb Ioffe in der Izvestija:

Ich denke, ein Merkmal muß entscheidend sein; die neuen Akademiemitglieder müssen Schöpfer der Wissenschaft sein. Keine vergangenen Verdienste, kein großes Wissen, keine pädagogische und gesellschaftliche Arbeit kann entscheidende Bedeutung haben. ... Große Bedeutung hat auch die Veränderung in der Zusammensetzung der verschiedenen Disziplinen, die als physikalisch-mathematische wie auch humanistische Abteilungen bestehen. Hier müssen wir vor allem den Einschluß der technischen Wissenschaften in den Bestand der ersteren erwähnen – eine Neuerung, die man nur begrüßen kann. [10]

Am wohlsten fühlte sich Ioffe bei experimenteller Arbeit im Laboratorium. So schrieb er am 14. Oktober 1936:

Mit meiner Arbeit bin ich nicht ganz zufrieden: es geliengt mir von 10 bis 2 Uhr im Laboratorium zu arbeiten. Dagegen habe ich keine Zeit, die Versuche ruhig zu überlegen: von 2 h bis Mitternacht habe ich keine 10 Minuten. Wenn die Arbeit trotzdem sich erfolgreich entwickelt, so ist es mehr Zufall als ein Resultat meiner Tätigkeit. Ich denke jetzt immer öfter die Leitung des Instituts einem meiner Schüler zu übergeben. [134]

Doch darf man aus solchen Bemerkungen andererseits nicht schließen, daß Ioffe die wissenschaftliche Leitungstätigkeit als reine Belastung in dem Sinne empfand, sie möglichst rasch loszuwerden. Er erkannte ihre Notwendigkeit – auf ein wohlverstandenes Mindestmaß begrenzt – durchaus an und strebte immer danach, wissenschaftliche, wissenschaftsleitende und wissenschaftsorganisatorische Tätigkeit als Einheit zu verstehen und zu realisieren.

Durch meine wissenschaftliche Arbeit und manigfache Aufgaben (ich bin Herausgeber von 4 physikalischen Zeitschriften, Direktor von zwei wissenschaftlichen Instituten, Vorsitzender der physikalischen Abteilung der Akademie, Leiter des physikalischen Unterrichts der Technischen Hochschule usw. usw. – mindestens 30 an der Zahl). All das erfordert Zeit und Energie. Ich kann nicht sagen, dass es zu viel für einen Menschen ist – weil ich nie Müde bin, aber gerade genug ist es jedenfalls. (Brief vom 17. Februar 1936 [134])

Seine Hauptverantwortung gegenüber seinem Lande sah Ioffe darin, die Physik so zu entwickeln und die physikalischen Kader so auszubilden, daß die physikalische Forschung eine breite Erkenntnisbasis lieferte und aufbereitete, auf der eine vielfältige Technikentwicklung möglich sei.

Daß Ioffe beim Nachdenken über solche Wechselbeziehungen von Physik und Technik zum Vorteil der gesellschaftlichen Entwicklung durchaus über traditionelle Denkgrenzen des Physikers hinausging, zeigt nicht nur das Beispiel der Gründung des bereits erwähnten Instituts für Agrophysik. So hat er sich beispielsweise 1932 in einem populär gehaltenen Vortrag über die Stadt aus der Sicht der Physik geäußert [15] und damit auf wichtige Probleme aufmerksam gemacht. Auch später hat er so manchen zunächst phantastisch anmutenden Gedanken in die Diskussion eingebracht. Rudolph Peierls hebt gerade diesen Aspekt in seinen Erinnerungen an „den großen alten Mann der russischen Physik“ hervor:

Er war ein Experte über Halbleiter, und zu der Zeit, als ich dort war, erging er sich gerade in großen Spekulationen über eine Stadt der Zukunft, die vollständig abgeschlossen und gleichmäßig erwärmt wäre und die ihre Energie von Solarzellen geliefert bekäme. [136, S. 69]

Um wissenschaftliche Kenntnisse diskutieren und nutzen zu können, mußten sie zugänglich sein, und dazu sind Kolloquien oder Konferenzen als Kommunikationsmöglichkeit nicht ausreichend. Deshalb maß Ioffe der Entwicklung des wissenschaftlichen Zeitschriftenwesens große Bedeutung bei. Tätig wurde er auf diesem Gebiet 1911, als er Mitglied des Redaktionskollegiums der Zeitschrift der Russischen Physikalisch-Chemischen Gesellschaft (ŽRFChO) wurde. Von 1924 bis 1930 war er ihr Chefredakteur, und zugleich gab er nun mit Lazarev die Zeitschrift für angewandte Physik (Žurnal prikladnoj fiziki – ŽPF) heraus. Mit der Neuordnung des Zeitschriftenwesens zu Beginn der dreißiger Jahre entstand 1931 aus dem ŽRFChO die Zeitschrift für experimentelle und theoretische Physik (Žurnal ėksperimentalnoj i teoretičeskoj fiziki – ŽĖTF); als verantwortlicher Redakteur fungierte neben Ioffe L. I. Mandel'štam (ab 1939 S. I. Vavilov). Das ŽPF erschien ab 1931 als Zeitschrift für technische Physik (Žurnal techničeskoj fiziki – ŽTF), wodurch Ioffes Anliegen bereits im Titel seinen Ausdruck fand (bis 1959 war er ihr verantwortlicher Redakteur). 1932 regte er die Physikalische Zeitschrift der Sowjetunion an, die vom Charkover Institut betreut wurde und in deutscher Sprache erschien; natürlich war Ioffe Mitglied des Redaktionskollegiums. Weiteres wäre zu nennen, u. a. war Ioffe auch mehrere Jahre Mitherausgeber der Izvestija Akademii nauk SSSR (Serija fizičeskaja). Erwähnt sei hier noch die 1959 auf Ioffes Initiative entstandene Zeitschrift Festkörperphysik (Fizika tverdogo tela – FTT), für die er bis zu seinem Tode ebenfalls als Chefredakteur wirkte und die sehr schnell zu einer international führenden Zeitschrift dieses Gebietes wurde (vgl. auch [70]).
Als Leiter großer wissenschaftlicher Kollektive, selbst aktiv wissenschaftlich und wissenschaftsorganisatorisch tätig, fand Ioffe trotzdem stets auch Zeit für die Popularisierung der Wissenschaft. Er nahm die Losung „Die Wissenschaft dem Volke“ ernst und schrieb viele populärwissenschaftliche Artikel oder hielt Vorträge, ob über den Atomkern [19], über die Agrophysik [22] oder über die Halbleiterphysik; ja selbst ein Kinderbuch über die elektrische

Ladung ist darunter [31]. Die Popularisierung gehörte genauso in seine Vorstellung eines modernen sozialistischen Wissenschaftlers wie die Beschäftigung mit philosophischen und historischen Aspekten der Wissenschaftsentwicklung, die ihm zugleich den Hintergrund für seine wissenschaftsstrategischen Aktivitäten gaben. Wissenschaftsgeschichte interessierte ihn vor allem unter dem Gesichtspunkt, Anregungen für den Aufbau der Wissenschaft zu gewinnen. So gehörte er z. B. zu der 1921 gegründeten Kommission für Wissenschaftsgeschichte der Akademie der Wissenschaften der UdSSR, die unter der Leitung von V. I. Vernadskij stand, und nahm 1931 am II. Internationalen Kongreß für Geschichte von Wissenschaft und Technik in London teil (sein Vortrag lautete „Physik und Technologie"). Auf Ioffe geht auch die

19 Anläßlich der Feierlichkeiten zum 100. Geburtstag von Max Planck weilte A. F. Ioffe 1958 in der DDR und übergab aus diesem Anlaß der Physikalischen Gesellschaft im Magnus-Haus in Berlin (heute Sitz der Physikalischen Gesellschaft der DDR; im 19. Jh. unterhielt Gustav Magnus in diesem seinem Wohnhaus das erste Physiklabor der Berliner Universität) die von der Roten Armee 1945 geretteten Reste der Bibliothek Max Plancks (links im Bild Berlins damaliger Oberbürgermeister Friedrich Ebert).

Anregung zurück, in der Sowjetunion nach dem Vorbild des Deutschen Museums in München ein Museum für Wissenschaft und Technik zu schaffen; einen ersten Beschluß faßte das Präsidium der Akademie dazu bereits 1930 [87, S. 179f.], einen weiteren Vorstoß unternahm Ioffe Ende 1944 [87, S. 195f.], doch ließ sich ein solches Vorhaben bisher nicht realisieren.

Ioffe organisierte seinen Tagesablauf nach einem relativ strengen Regime, auch in späteren Jahren, immer daran orientiert, daß „für ihn Physik sein Hauptlebensinhalt war" (A. V. Ioffe). Da ging er meist von 9 bis 13 Uhr ins Institut, um die Leitungsarbeit zu erledigen, mit Mitarbeitern Besprechungen zu führen usw. Zum Mittagessen kam er nach Hause, anschließend hielt er Mittagsruhe, während seine Frau bereits ins Laboratorium ging. Gegen 15 Uhr ging auch Ioffe ins Labor, und da durfte ihn dann niemand stören. In der Regel blieb er dort bis 9 oder 10 Uhr abends. „Er wollte unbedingt aus jedem Experiment ein Resultat erzielen und arbeitete solange" (A. V. Ioffe), so daß es oft auch später wurde. Sein Seminar führte er später freitags um 17 Uhr durch. Außerdem fand einmal in der Woche morgens um 10 Uhr ein Seminar des Halbleiterphysik-Laboratoriums statt. Am Sonnabend mußte jeder Mitarbeiter kurz aufschreiben, was er in der Woche gemacht hatte, so daß sich Ioffe einen Gesamtüberblick über den Fortgang der Arbeiten verschaffen und auf dieser Grundlage das weitere Vorgehen planen konnte.

Etwa zweimal im Monat mußte Ioffe, nachdem die Akademie nach Moskau verlegt worden war, dorthin zu Sitzungen. Wenn er länger bleiben mußte, übernachtete er dort meist im Hotel oder bei dem Ehepaar Klassen, mit dem er aus der Zeit bekannt war, als sie noch im LPTI arbeiteten.

Gleichgültigkeit war nach Ioffe einer der schlimmsten Feinde der Menschheit. Ebenso kämpfte er ständig gegen Formalismus und Bürokratie an. Als ihm ob der vielen Zirkulare, Anweisungen und Formblätter einmal „der Kragen platzte", schrieb er im Januar 1940 an den Akademiepräsidenten und empfahl ihm,

> die Arbeit des Apparates der AdW von der Wurzel aus umzugestalten auf dem Wege der Veränderung ihrer Organisationsstruktur, ... den Apparat der AdW umzuwandeln in ein Organ der deutlichen und qualitativ besseren Dienstleistung gegenüber der wissenschaftlichen Arbeit der Akademieeinrichtungen. (zit. nach [67, S. 611])

Und dann gibt er eine genaue Aufrechnung von Beispielen – von der Zahl der Bücher, die auf dem Papier überflüssiger Zirkulare gedruckt werden könnten bis zu Fragen der Eigenverantwortung des Institutsdirektors (wie das heute genannt wird).
Ioffe gehörte nicht zu den Menschen, die mit jedem näheren Bekannten gleich eine engere persönliche Beziehung eingingen. Eher war er etwas zugeknöpft und auch nicht so humorvoll, wie er auf manchen Bildern wirkte (das sind wohl doch etwas „unnatürliche" Aufnahmen), wenngleich stets freundlich zu jedermann. Außerhalb der Arbeitszeit bestanden kaum Kontakte und, wie bereits erwähnt, hat er nur ganz wenige Menschen wirklich als Freunde betrachtet – auf dem vertrauten „Du" stand er wohl nur mit Wagner und Ehrenfest (selbst J. I. Frenkel' oder Semenov gehörten nicht zum engeren Kreise; V. J. Frenkel' meint, daß doch der Altersunterschied zu groß gewesen sei).
Ioffe rauchte nicht und mochte auch nicht, wenn in seiner Gegenwart geraucht wurde; ebenso trank er nur selten etwas Bier oder Wein.
In den Ferien fuhr Ioffe gern in die Berge. In seiner Münchener Zeit und auch in den späten zwanziger Jahren war er mehrfach in den Alpen. In Chamonix traf er sich auch mit Paul Langevin, mit dem er sich gut verstand, aber ansonsten waren ihm da zu viele Menschen. Später war der Kaukasus sein Lieblingsziel, während er im Frühjahr des öfteren in einem Sanatorium auf der Krim war, da das dortige Klima Anna Vasil'evna gut bekam:

Für die nächsten Monate haben wir vor: im April nach der Krim zu reisen. Anna Wassiljevna bleibt dort bis Ende Mai, ich komme Anfang Mai zurück. Juli und August wollen wir im Kaukasus verbringen. (Brief vom 24. Februar 1937 [134])

In etwa 14 Tagen (am 12. IV) reisen wir nach Süden (Suchumi – am Schwarzen Meer in der Subtropischen Gegend) und kehren erst am 15. Mai zurück. Dort möchten wir unsere Resultate in ein Artikel zusammenfassen. (Brief vom 24. März 1939 [134])

Gern stand er früh auf und unternahm große Wanderungen bzw. Bergtouren. Tennis spielte er ebenfalls gern. – Ende 1947 vergab die Akademie als Geschenk der Regierung an ihre Mitglieder Datschen, und Ioffe bekam eine in Komarovo nordwestlich von Leningrad (bei Repino am Finnischen Meerbusen). Er war gern am Wochenende dort, liebte besonders die Blumen, machte aber

kaum Gartenarbeit, das überließ er einem ortsansässigen Gärtner; vormittags arbeitete er dort meist (hier schrieb er beispielsweise seine „Begegnungen mit Physikern" [47; S. 109]).
In Leningrad ging Ioffe gern in die Philharmonie, in Moskau, wenn er Gelegenheit hatte, lieber ins dramatische Theater, weil in den dreißiger Jahren, wie A. V. Ioffe berichtete, die Theater dort besser waren. Ansonsten las er, wenn Zeit blieb, gern Turgenev, Čechov, auch Šolochovs „Stillen Don" mochte er und – Krimis. Öfter bat er Plesch um englische Kriminalromane und bedankte sich z. B. am 11.5.1937: „Ich danke Ihnen sehr für die Bücher (die Hälfte habe ich schon durchgelesen und vor allem natürlich die Detektivgeschichten) ..." [134]. Krimis las er meist abends im Bett, schlief aber schnell darüber ein. Mit einigen zeitgenössischen Schriftstellern und Lyrikern wie Veniamin Kaverin, Leonid Leonov, Samuil Maršak oder Nikolaj Tichonov war Ioffe näher bekannt und versuchte sie anzuregen, Themen aus Wissenschaft und Technik künstlerisch zu behandeln. – Auch die Malerei interessierte ihn, allerdings nicht so sehr die ganz moderne; u. a. mochte er französische Impressionisten. Auf seinen Reisen versuchte er immer etwas Zeit für Besuche von Galerien zu finden, und in seinen späteren Jahren hatte er einige Originalgemälde russisch-sowjetischer Künstler in seiner Wohnung, ohne aber etwa ein Sammler zu sein. Auf seinem Schreibtisch stand ein Leninporträt von Natan Altman.
Ioffe liebte sehr das Gespräch, weniger das Briefeschreiben, weshalb seine Briefe meist recht kurz ausfielen, was z. B. am Briefwechsel Ehrenfest – Ioffe deutlich wird [79]. Aber meist ging es in seinen Gesprächen vornehmlich um Wissenschaft, über allgemeinere Fragen redete er nicht gern. Dennoch hatte er einen wachen Blick auch für allgemein-politische Entwicklungen. Das zeigte sich in vielen seiner Handlungsweisen, wie beispielsweise sein Entschluß, 1906 in Rußland zu bleiben, 1918 sich der jungen Sowjetmacht zur Verfügung zu stellen oder den Antrag auf Mitgliedschaft in der KPdSU zu stellen. Seine Briefe an Plesch enthalten einige interessante politische Wertungen:

Traurig sieht aber die politische Situation und die deutsche Gefahr aus. Sonst ist die ökonomische und kulturelle Entwicklung hier zu glänzend, dass mir ein Krieg wirkliche Besorgniss erregt. Die USSR von Heute ist aber unvergleichlich stärker als das alte Russland und einheitlich. Umso blutiger der Krieg, in dem Hitler sein Ende finden wird. (Brief vom 8. November 1936 [134])

„Ein glückliches neues Jahr ohne Krieg und mit weniger Kriegsgefahr!" wünschte er am 1. Januar 1937 [134].

Ich weiß nicht, ob eine Reise ins Ausland so anregend wie früher sein würde. Der Strom widerlicher Lügen überflutet all die Zeitungen, um einen neuen Krieg gegen ein Volk vorzubereiten, das versucht, sein Leben aufzubauen, ohne Kontributionen an die Herren der Wall-Street für sein bloßes Recht auf Existenz zu zahlen. Zwei Jahre nach einem Krieg, in dem wir Europa vor dem Ruin retteten und Millionen Menschen und tausende Städte verloren haben. Anstatt jemanden zu bedrohen, arbeitet unser Land schwer am Wiederaufbau und bei schöpferischer Arbeit. Wir hoffen, daß der einfache Mensch nicht seinen gesunden Menschenverstand verloren hat, auch wenn er von Zeitungen und Politikern umgeben ist. Er wird sich noch erinnern, wie Hitler an seine Macht kam und auf welche Weise die sowjetischen Menschen dagegen kämpften in Stalingrad und Leningrad. ... Ich hoffe nur, Sie sind nicht beeinflußt durch die neue Explosion von Haß. (Brief vom 25. November 1947, Original Englisch [134])

Seit unserer letzten Zusammenkunft ist vieles passiert, was die Situation geändert hat. Vor allem der Krieg in Egypten und die Vorgänge in Ungarn. Viele Dummheiten sind dort begangen worden, bevor es zum Aufstand kam. Aber dann wurde alles daran gesetzt, um die Nazizeit zurück zu bringen. Was auch die Presse sagte, ich bin fest überzeugt, dass die grösste Gefahr stand bevor der Welt – ein Nest des Naziregimes in Mitte Europas. ... Wie traurig es auch ist, es ist doch besser, und sogar es war das einzig mögliche, das Nest zu zerstören. Der nächste Versuch, den Faschismus wieder lebendig zu machen, wird voraussichtlich in der Federation Republik [BRD – H. K.] gemacht. (Brief vom 17. Februar 1957 [134])

Wie stimulierend die Erfolge des sozialistischen Aufbaues trotz vieler Probleme in jenen Jahren auf die Menschen in der Sowjetunion wirkten, zeigt sich ebenfalls in dieser Korrespondenz:

Wir leben mitten im enthusiastischen Aufbau, der nicht nur die Oekonomie umfasst, sondern auch die gesamte Kultur. In einem Jahr werden 3Mal so viel Schulen gebaut, als wir vor der Revolution insgesamt hatten. ... Wunderbar ist die Kinderpflege und Medizin entwickelt. Die Verpflegung ist so weit gestiegen, dass alle Arten der Rationen abgeschafft sind. (Brief vom 1. November 1935 [134])

Es ist wirklich ein grosses Glück, an der historischen Entwicklung des sozialistischen Aufbaues aktiv Teil zu nehmen. Der Prozentsatz von glücklichen Menschen rings umher wächst zusehends, und das ist ja das beste Kriterium. (Brief vom 17. Februar 1936 [134])

Hier wird das Leben von Jahr zu Jahr reicher und glücklicher. Ueber die glänzende ökonomische Entwicklung sind Sie wohl unterrichtet. Die Deutschen Nachrichten klingen unglaublich komisch für einen, der die wirkliche Situation kennt. Leider steckt hinter diesen dummen und falschen Lügen eine Absicht, die die grösste Gefahr sowohl für die Menschheit wie für Deutschland selbst bedeutet. (Brief vom 22. September 1936 [134])

Natürlich übersah auch Ioffe bei seiner Freude über die ökonomische Gesamtentwicklung nicht, daß es noch viele Probleme gab und es insbesondere auch noch an so manchen Kleinigkeiten des täglichen Lebens fehlte. So bestellte er regelmäßig über Plesch für seine Frau die Modezeitschrift „Vogue" und des öfteren andere mehr oder weniger wichtige Bedarfsartikel wie Rasierklingen oder einen Füllfederhalter:

Sie fragen, ob wir noch andere Bitten an Sie haben. Nun, ist die finanzielle Seite einigermaßen in Ordnung, so hätte ich verschiedenes gern gehabt: Für Anna Wassiljewna: 1. Einen Ledermantel aus feinem dunkelgrünen oder dunkelblauen Leder (Grösse ca 46) ... Für mich: 1. Briefpapier und Einschläge (wie dieses Blatt mit derselben Schrift) [gemeint ist der Namenseindruck im Briefkopf – H. K.] ... Ich weiß, dass all das bei Harrods zu finden ist. ... Hier findet man jetzt schon alles; nur manches noch nicht ganz in der Qualität, die man haben möchte; so z. B., den Ledermantel aus dickerem Leder. (Brief vom 6. Dezember 1935 [134])

Und eine andere ähnliche Wunschliste schließt ebenfalls:

Es ist aber keineswegs wichtig die Sachen zu schicken. Wir können all das auch hier kaufen (und Geld haben wir mehr als wir verbrauchen könnten), nur manchmal noch nicht so schön wie in London. Sollte es daher irgendwelche Schwierigkeiten für Sie oder für Prof. Bläckett (sic!) [der einen UdSSR-Besuch plante – H. K.] machen, so lassen Sie es ruhig fallen. Die Liste schliesst einfach alles ein, was wir ausdenken konnten. (Brief vom 18. Juni 1937 [134])

Ioffe hatte sich als linksbürgerlicher Wissenschaftler relativ frühzeitig für den sozialistischen Weg der gesellschaftlichen Entwicklung entschieden und seine ganze Schöpferkraft eingesetzt, um auf seinem Arbeitsgebiet bestmöglich dazu beizutragen, daß die sozialistische Gesellschaft in der Sowjetunion auf immer besseren Grundlagen steht und ihre politischen, ökonomischen und sozialen Ziele baldmöglichst Wirklichkeit werden. Im Laufe der Jahre festigte sich in ihm die Überzeugung, daß seine Entscheidung richtig war und daß dies der richtige Weg sei. Dabei übersah er

20 a) Aus Anlaß des 100. Geburtstages von A. F. Ioffe gab die sowjetische Post 1980 eine 4-Kopeken-Briefmarke heraus.
b) Karikatur A. F. Ioffes von N. A. Mamontov angefertigt 1933 während der ersten Allunions-Kernkonferenz (entnommen [72]).

nicht Probleme und Schwierigkeiten und wußte, daß sich dieser Anspruch nicht im Selbstlauf durchsetzen würde.
So hat er in seinem wissenschaftlichen Bereich immer wieder den Kampf aufgenommen, wenn es galt, Ziele, von deren Richtigkeit er überzeugt war, durchzusetzen, wie sich das besonders deutlich an der Entwicklung der sowjetischen Halbleiterforschung zeigt. Zugleich wußte er aber, daß diese Entwicklung sich nur unter den Bedingungen einer friedlichen Welt und internationalen Zusammenarbeit vollziehen konnte. Insbesondere in der Wissenschaft

ist ein Fortschreiten ohne internationale Kommunikation nicht möglich – das zeigten ihm gerade auch die Erfahrungen der zwanziger Jahre. Und in diesem Sinne sind seine Worte, die er im September 1959 anläßlich des bevorstehenden Besuches von Nikita S. Chruščov in den USA – womit ja nach dem „kalten Krieg" der vierziger/fünfziger Jahre die internationale Entspannungsphase der sechziger Jahre eingeleitet wurde – äußerte, immer noch aktuell:

Frieden und Völkerfreundschaft – das ist das, was die Menschheit fordert. Die Entstehung von Kriegen kann zu großen Zerstörungen und menschlichen Opfern führen. Das ist nicht nur uns, den Physikern, klar – das verstehen jetzt alle Menschen, die sich zur Verteidigung des Friedens in der ganzen Welt erhoben haben.
Wie niemals zuvor ist jetzt die Zusammenarbeit aller Völker notwendig. Der erstaunliche Fortschritt von Wissenschaft und Technik führte uns zur Lösung gigantischer Aufgaben, die die Menschheit seit langer Zeit bewegen. Die Lösung dieser Aufgaben ist schon längst für einen einzelnen Gelehrten, ein Laboratorium und sogar ein Land unerschwinglich. Aber wenn sie ihre Kräfte vereinigt, kann die Menschheit einen noch nie gesehenen Fortschritt erreichen, den die Geschichte noch nicht kannte. ...
Die Völker der Welt, wissend, was Krieg ist, streben nach Frieden. Sie erfreuen sich an den Erfolgen der Kultur, dem Fortschritt von Wissenschaft und Technik! Sie wollen sich ohne kalten oder heißen Krieg entwickeln, für immer den Frieden auf Erden sicherstellen. [44]

Abram Fedorovič Ioffe starb am 14. Oktober 1960 in Leningrad, nur wenige Wochen nach seinem erfolgreichen Auftreten auf der Prager Halbleiterkonferenz, auf der ihn auch der Miterfinder des Transistors, John Bardeen, in seinem Schlußwort einen der Begründer der Halbleiterphysik nannte [107, S. 1109], und zwei Wochen vor seinem 80. Geburtstag. Der Tod ereilte ihn überraschend – er wollte gerade auf seine Datsche fahren.
Anläßlich des 50jährigen Bestehens des LPTI im Jahre 1968 (man rechnet ab Gründung der Physikalisch-Technischen Abteilung) wurde ihm der Name „A. F. Ioffe" verliehen. Das Präsidium der Akademie der Wissenschaften der UdSSR vergibt außerdem seit 1973 einen Ioffe-Preis für Arbeiten auf dem Gebiet der Halbleiterphysik.

Chronologie

1880	Abram F. Ioffe am 29. Oktober in Romny geboren.
1894	Regierungsantritt Zar Nikolaus II.
1897	Studienbeginn am Technologischen Institut in St. Petersburg.
1899	Leitung eines Eisenbahnbrückenbaus.
1902	Abschluß des Studiums als Ingenieur-Technologe. Praktikant, später Assistent bei Röntgen in München.
1905	Promotion bei Röntgen.
1905–1907	Erste bürgerlich-demokratische Revolution in Rußland.
1906	Oberlaborant am Polytechnischen Institut von St. Petersburg, ab 1908 zugleich Dozent am Bergbau-Institut in St. Petersburg.
1908	Heirat mit Vera Andreevna.
1913	Magisterdissertation an der Petersburger Universität, a. o. Prof. am Polytechnischen Institut.
1914–1918	Erster Weltkrieg.
1915	Habilitation an der Petrograder Universität.
1915–1948	Ord. Prof. am Leningrader Polytechnischen Institut.
1916	Gründung von Ioffes Physikalischem Seminar.
1917	Große Sozialistische Oktoberrevolution.
1918	Gründung des Staatl. Röntgenologischen und Radiologischen Instituts mit einer Physikalisch-Technischen Abteilung unter Ioffe.
1919	Organisation der Physikalisch-Mechanischen Abteilung des Polytechnischen Instituts.
1920	Ord. Mitglied der Russischen Akademie der Wissenschaften.
1921	Gründung des Physikalisch-Technischen Instituts (LPTI), Direktor Ioffe (bis 1950).
1921–1922	Dienstreise nach Deutschland zum Kauf von Literatur und Geräten.
1924	Ehrenfest auf dem Leningrader Physikerkongreß. Teilnahme am IV. Solvay-Kongreß.
1926–1927	Vorlesungen in den USA.
1926–1929	Vizepräsident der Akademie.
1927	IV. Sowjetkongreß beschließt Ausarbeitung des Fünfjahrplanes.
1930	Gründung des Charkover Physikalisch-Technischen Instituts. Heirat mit Anna Vasil'evna.
1930–1948	Mitglied des Solvay-Komitees.

1931	Aufnahme von Forschungen zur Halbleiter- und Atomkernphysik am LPTI.
1932–1938	Redakteur der Zeitschrift für experimentelle und theoretische Physik – ZETP (ŽÉTP).
1932–1960	Direktor des von ihm gegründeten Agrophysikalischen Instituts.
1933	Teilnahme am VII. Solvay-Kongreß.
1939	Das LPTI wird der AdW der UdSSR angeschlossen.
1939–1945	Zweiter Weltkrieg.
1940	Lenin-Orden.
1941	Überfall des faschistischen Deutschland auf die Sowjetunion; Evakuierung des LPTI nach Kazan.
1942	Mitglied der KPdSU (B).
1942–1945	Vizepräsident der Akademie.
1945–1952	Mitglied des Präsidiums der Akademie.
1952	Gründung des Halbleiterlaboratoriums der AdW der UdSSR (ab 1955 Institut).
1955–1960	Direktor des Halbleiterinstituts.
1956	Teilnahme an der Internationalen Halbleiterkonferenz in Ottawa.
1957	Vizepräsident der Internationalen Union für reine und angewandte Physik.
1958–1960	Chefredakteur der Zeitschrift „Fizika tverdogo tela".
1960	A. F. Ioffe am 14. Oktober in Leningrad gestorben.
1968	Anläßlich des 50jährigen Institutsjubiliäums erhält das LPTI den Namen „A. F. Ioffe".

Literatur

Das Literaturverzeichnis bietet eine Auswahl der zumeist russischsprachigen Literatur von und über Ioffe sowie einige wenige Werke zur Geschichte der Naturwissenschaften in Rußland bzw. der Sowjetunion. Werke zur Geschichte der behandelten physikalischen Gebiete wurden nicht aufgenommen. Nur in einigen Ausnahmefällen wurden Originalquellen gesondert aufgeführt, wenn die betreffenden Abhandlungen auch in Sammelbänden enthalten sind. Zitate aus fremdsprachigen Quellen wurden vom Autor übersetzt.

Eine nahezu vollständige Bibliographie stellt [80] dar. Die bisher umfangreichste und äußerst materialreiche Biographie ist [67].

[1] А. А. Буряк, Н. Б. Карпова: Термоэлектричество: вчера, сегодня, завтра. Кишинев 1987.

[2] Д. Д. Гуло, А. Н. Осиповский: Дмитрий Сергеевич Рождественский. Москва 1980.

[3] К. Х. Делокаров: Методологические проблемы квантовой механики в советской философской науке. Москва 1982.

[4] В. М. Дукельский: Академик Абрам Федорович Иоффе. In: Сборник посвященный семидесятилетию академика А. Ф. Иоффе, Москва 1950, S. 5–30.

[5] А. Ф. Иоффе: Заметка о фотоэлектрическом эффекте [по поводу статьи Э. Ладенбурга]. ЖРФХО, физ. отд. 39 (1907) 9, S. 248–252, – deutsche Fassung in: Annalen der Physik 4. Folge 24 (1907) 15, S. 939–940.

[6] А. Ф. Иоффе: Лекции по молекулярной физике. Петроград 1919.

[7] А. Иоффе: Русская наука за границей. Правда (1924, 20 июля) 163, S. 5

[8] А. Иоффе, П. Лазарев: Записка об ученых трудах П. С. Эренфеста. Известия Российской Академии Наук, VI серия 18 (1924) 12–18, S. 461–462

[9] А. Ф. Иоффе: Автобиография (Серия: Советская страна должна знать своих ученых). Огонёк 5 (1927) 5 (№ 201), S. 4–5

[10] А. Ф. Иоффе: К выборам новых академиков. Известия (1928, 4 мая) 102, S. 3

[11] А. Ф. Иоффе: „Чистая наука" и производство. Торгово-промышленная газета (1928, 7 ноября) 260, S. 1

[12] А. Ф. Иоффе: Задачи физики в реконструктивный период. Искры науки 7 (1931) 5–6, S. 151–152

[13] А. Ф. Иоффе: Переделка мира. Организация научной работы в Советском Союзе. Фронт науки и техники (1931) 6, S. 27–30

[14] А. Ф. Иоффе: Полупроводники – новый материал электротехники. Социалистическая реконструкция и Наука (Сорена) (1931) 2–3, S. 108–112

[15] А. Ф. Иоффе: Город с точки зрения современной физики. За социалистическую реконструкцию городов (1932) 1, S. 29 bis 33
[16] А.Ф.Иоффе: Перспективы использования новых видов энергии во втором пятилетии. Москва/Ленинград 1932.
[17] А.Ф.Иоффе: Моя жизнь и работа: Автобиографический очерк. Москва/Ленинград 1933. (hier zitiert nach [48, S. 487–520]).
[18] А. Ф. Иоффе: Электронные полупроводники. Ленинград/Москва 1933.
[19] А.Ф.Иоффе: Атомное ядро сегодня. Москва/Ленинград 1934.
[20] А. Иоффе, Д. Наследов: О недостатках и некоторых проблемах развития советской физики. Фронт науки и техники (1934) 4, S. 32–36.
[21] А.Иоффе: К приезду Нильса Бора в Советском Союзе. Известия (1934, 4 мая) 103, S. 6.
[22] А.Ф.Иоффе, Ф.Е.Колясев: Физика в агрономии. Наука и жизнь (1935) 1, S. 38–40.
[23] А. Ф. Иоффе: Условия моей научной работы. Известия Академии Наук СССР, ОМЕН, Серия физическая (1936) 1–2, S. 7–33. – Das Heft enthält auch alle weiteren Vorträge und Diskussionsbeiträge (S. 5–409).
[24] А. Ф. Иоффе: Проблемы Современной физики в работах физико-технического института. Москва/Ленинград 1936.
[25] А.Ф.Иоффе: О положении на философском фронте советской физики. Под знаменем марксизма (1937) 11–12, S. 131–143.
[26] А.Ф.Иоффе: Технические задачи советской физики и их разрешение. Вестник АН СССР 9 (1939) 11–12, S. 140–150.
[27] А.Ф.Иоффе: Физика и война. Вестник АН СССР 12 (1942) 5–6, S. 66–76. – Das Heft enthält die Materialien der Gesamtversammlung der Akademie in Sverdlovsk 3.–8. Mai 1942.
[28] А. Ф. Иоффе: Развитие точных наук в СССР за 25 лет. Вестник АН СССР 13 (1943) 1–2, S. 10–22.
[29] А. Ф. Иоффе: Советская наука в годы отечественной войны. Вестник АН СССР 13 (1943) 7–8, S. 6–8.
[30] А.Ф.Иоффе: Отчетный доклад о работе отделения физико-математических наук АН СССР от 23 сентября 1943 г. Известия АН СССР, Серия физическая 8 (1944) 1, S. 3–15.
[31] А.Ф.Иоффе: Электрический заряд. Москва/Ленинград 1945.
[32] А.Ф.Иоффе: Полупроводники и их применение. Известия АН СССР, Серия физическая 10 (1946) 1, S. 3–14.
[33] А.Ф.Иоффе, Б.М.Вул: Некоторые ближайшие задачи физики. Вестник АН СССР 16 (1946) 7, S. 3–8.
[34] А. Ф. Иоффе: Советская наука в борьбе за дальнейший расцвет нашей родины. Пропаганда и Агитация (1946) 11, S. 22–27.
[35] А. Ф. Иоффе: Советская физика за 30 лет. Известия АН СССР, Серия физическая, 11 (1947) 6, S. 581–590.
[36] А. Ф. Иоффе: Советские физики и дореволюционная физика в России. УФН 33 (1947) 4, S. 453–468 (auch enthalten in [48]).

[37] А. Ф. Иоффе: Электрические свойства твердых тел. Ленинград 1947.
[38] А. Ф. Иоффе: Основные представления современной физики. Ленинград/Москва 1949.
[39] А. Ф. Иоффе: Нерешенные вопросы теории полупроводников. Известия АН СССР, Серия физическая 15 (1951) 4, S. 477–486.
[40] А. Ф. Иоффе: Наши задачи в области полупроводников. Известия АН СССР, Серия физическая 16 (1952) 1, S. 10–17.
[41] А. Ф. Иоффе: К вопросу о философских ошибках моей книги ‚Основные проблемы современной физики'. УФН 53 (1954) 4, S. 589–598.
[42] А. Ф. Иоффе: Мечта в науке. Нева (1955) 7, S. 136–138.
[43] А. Ф. Иоффе: Некоторые задачи дальнейшего развития учения о полупроводниках. Журнал техн. физ. 27 (1957) 6, S. 1153–1160.
[44] А. Ф. Иоффе: Заветная мечта. Правда (1959, 10 сентября) 253, S. 1.
[45] А. Ф. Иоффе: Наш вклад в семилетку (дела и думы ученых). Ленинградская Правда (1959, 22 ноября) 275, S. 2.
[46] А. Ф. Иоффе: Избранные Труды, том I Ленинград 1974, том II Ленинград 1975.
[47] А. Ф. Иоффе: Встречи с физиками. Ленинград 1983 (erweiterte Ausg.).
[48] А. Ф. Иоффе: О физике и физиках. Ленинград 1985 (2. erw. Aufl.).
[49] М. В. Келдыш: Избранные труды – том: Общие вопросы развития науки. Москва 1985.
[50] И. К. Кикоин: А. Ф. Иоффе (к шестидесятилетнему юбилею). УФН 24 (1940) 1, S. 3–10.
[51] В. С. Коган: Кирилл Дмитриевич Синельников. Киев 1984.
[52] Л. Кокин: Юность Академиков. Москва 1970.
[53] Т. П. Кравец: Памяти Д. С. Рождественского. in ders.: От Ньютона до Вавилова. Ленинград 1967, S. 338–349.
[54] А. Н. Крылов: Мои Воспоминания. Ленинград 1984 (7. veränderte Aufl.).
[55] И. В. Кузнецов, Н. Ф. Овчинников: За последовательное диалектико-материалистическое освещение достижений современной физики. УФН 45 (1951) 1, S. 113–140.
[56] И. В. Курчатов: Ядерную энергию – на благо человечества. Москва 1978.
[57] П. Лазарев: А. Ф. Иоффе: Лекции по молекулярной физике. (Рецензия) УФН 2 (1920) 1, S. 138.
[58] Г. С. Ландсберг: Состояние преподавания физики в высших технических учебных заведениях. Известия АН СССР, ОМЕН, Серия физическая (1937) 1, S. 9–20. – Das Heft enthält alle Diskussionsbeiträge.
[59] Л. В. Левшин: Сергей Иванович Вавилов. Москва 1977.
[60] Б. В. Левшин: Советская наука в годы Великой отечественной войны. Москва 1983.

[61] И. Х. Лемберг, В. О. Найденов, В. Я. Френкель: Циклотрон физико-технического института им. А. Ф. Иоффе АН СССР. УФН 153 (1987) 3, S. 497–519.
[62] А. А. Максимов: О философских воззрениях акад. В. Ф. Миткевича и о путях развития советской физики. Под знаменем марксизма (1937) 7, S. 25–55.
[63] А. Максимов: О физическом идеализме и защите его акад. А. Ф. Иоффе. Под знаменем марксизма (1937) 11–12, S. 157–191.
[64] А. Предводителев, Ухолин: Письмо в редакцию. Под знаменем марксизма (1938) 4, S. 175.
[64a] А. Р. Регель, Л. С. Стильбанс: Абрам Федорович Иоффе. Физика твердого тела 2 (1960) 11, S. 2671–2676.
[65] Н. Н. Семенов: Наука и Общество. Москва 1981 (2. erweiterte Aufl.)
[66] М. С. Соминский: 25 лет Ленинградского физико-технического Института Академии Наук СССР, Природа (1946) 6, S. 81–84.
[67] М. С. Соминский: Абрам Федорович Иоффе. Москва/Ленинград 1965.
[68] П. Н. Федосеев: А. Ф. Иоффе. In: Физика – проблемы, история, люди. Ленинград 1986, S. 167–170.
[68a] В. Я. Френкель: Пятьдесят лет физико-техническому институту им. А. Ф. Иоффе АН СССР. УФН 96 (1968) 3, S. 529–568.
[69] В. Я. Френкель: Пауль Эренфест. Москва 1977 (2. erweiterte Aufl.).
[70] В. Я. Френкель: А. Ф. Иоффе и советская физическая периодика. Физика твердого тела 22 (1980) 10, S. 2881–2885.
[71] В. Я. Френкель: А. Эйнштейн и А. Ф. Иоффе. In: Чтения памяти А. Ф. Иоффе 1981. Ленинград 1983, S. 21–27.
[72] В. Я. Френкель: Первая всесоюзная ядерная конференция. In: Чтения памяти А. Ф. Иоффе 1983. Ленинград 1985, S. 74–94.
[73] В. Я. Френкель: К 50-летию мартовской сессии Академии наук СССР (1936 г.) In: Чтения памяти А. Ф. Иоффе 1985. Ленинград 1987, S. 63–86.
[74] Я. Френкель: А. Ф. Иоффе. Физика кристаллов. (Рецензия) УФН 9 (1929) 3, S. 400–403.
[75] Я. И. Френкель: Абрам Федорович Иоффе. Ленинград 1968.
[76] Я. И. Френкель – Воспоминания, письма, документы. Ленинград 1986 (2. erweiterte Aufl.).
[77] Т. М. Чернощекова: А. Ф. Иоффе. Серия: Люди науки. Москва 1983.
[78] Э. В. Шпольский: Очерки по истории развития советской физики 1917–1967. Москва 1969.
[79] Эренфест – Иоффе: Научная переписка 1907–1933. Ленинград 1973.
[80] Абрам Федорович Иоффе (1880–1960), Материалы к биобиблиографии ученых СССР, Серия физики, вып. 25. Москва 1982 (2. erweiterte Aufl.).

[81] Академик Иоффе о своей поездке в Америку. Известия (1926, 30 марта) S. 4.
[82] Вклад Академика А. Ф. Иоффе в становление ядерной физики в СССР. Ленинград 1980.
[83] Воспоминания об А. Ф. Иоффе. Ленинград 1973.
[84] Записка об ученых трудах профессора А. Ф. Иоффе. Известия Российской Академии наук, VI Серия, 14 (1920) 1–18, S. 16–19.
[85] Математика и естествознание в СССР – Очерки развития математических и естественных наук за двадцать лет. Москва/Ленинград 1938.
[86] Наука и техника СССР 1917–1927. Москва 1927.
[87] Научно-организационная деятельность Академика А. Ф. Иоффе. Ленинград 1980.
[88] Основания новой квантовой механики. Сборник статей под ред. и с предисл. Акад. А. Ф. Иоффе. Москва/Ленинград 1927.
[89] Очерки истории организации науки в Ленинграде 1703–1977. Под. ред. Б. Д. Лебина. Ленинград 1980.
[90] Письмо, полученное Академиком А. Ф. Иоффе в связи с избранием его почетным членом английского физического общества. Известия АН СССР, Серия физическая 8 (1944) 6, S. 374.
[91] Проблемы современной физики. Ленинград 1980.
[92] Развитие физики в России. том 1: От начала XVIII в. до Великой Октябрьской социалистической революции. Москва 1970. том 2: От Великой Октябрьской социалистической революции до нашего времени. Москва 1970.
[93] Развитие естествознания в России (XVIII – начало XX века). Под ред. С. Р. Микулинского, А. П. Юшкевича. Москва 1977.
[94] Техника физического эксперимента. Под ред. и с предисл. Акад. А. Ф. Иоффе. Москва/Ленинград 1929.
[95] Физико-технический Институт им. А. Ф. Иоффе 1918–1978. Ленинград 1978.
[96] Auth, J.: A. F. Ioffe – Vater der sowjetischen Halbleiterphysik. ITW der AdW der DDR (Manuskriptdruck), Kolloquien H. 25, Berlin 1981, S. 110–122 (darin S. 123–149 weitere Beiträge über Ioffe von H. Kant und K. Thiessen).
[97] Golowin, I. N.: I. W. Kurtschatow, Wegbereiter der sowjetischen Atomforschung. Leipzig/Jena/Berlin 1976.
[98] Joffe, A. F.; Röntgen, W. K.: Über die Elektrizitätsleitung in einigen Kristallen und über den Einfluß der Bestrahlung darauf. Teil 1: Annalen der Physik 41 (1913) 8, S. 449–498. Teil 2: Annalen der Physik 64 (1921) 1–2, S. 1–195.
[99] Joffe, A. F.; Röntgen, W. K.: Elektrizitätsdurchgang durch Kristalle. Annalen der Physik 4. Folge 72 (1923) 22, S. 461–500 (auch enthalten in [46, I]).
[100] Joffe, A.: Plastizität und Festigkeit der Kristalle. Proceedings of the First Internat. congress for Applied mechanics. Delft 1924, S. 64–66.

[101] Joffé, A.; Dobronrawov, N.: Beobachtungen über die Ausbreitung von Röntgenimpulsen. Zeitschrift für Physik 34 (1925) 11–12, S. 889–892.
[102] Joffé, A. F.: The Physics of Crystals. New York/London 1928 (russ. Ausg. Moskau/Leningrad 1929).
[103] Joffé, A.: Vorwort zu Physikalische Zeitschrift der Sowjetunion 1 (1932) 1.
[104] Joffé, A. F.: Twenty years of Soviet Physics. Physikalische Zeitschrift der Sowjetunion Bd. 12, 1937, S. 493–505 (engl. Fassung des Beitrages aus [85]).
[105] Joffé, A. F.: Halbleiter-Thermoelemente. Berlin 1957 (nach der russ. Ausg. 1956).
[106] Joffe, A. F.: The Revial of Thermoelectricity. Scientific American 199 (1958) 5, S. 31–37.
[107] Joffe, A. F.: New Ways for the Study of Semiconductors. Proceedings of the International Conference on Semiconductor Physics. Prague 1960, S. 9–12.
[108] Joffe, A. F.: Physik der Halbleiter. 2. Aufl. Berlin 1960 (nach der 2. russ. Aufl. 1957).
[109] Joffe, A. F.: Begegnungen mit Physikern. 2. Aufl. Leipzig 1967 (nach der russ. Ausg. Moskau 1962).
[110] Jordan, P.: Joffés Untersuchungen über die elektrische Durchschlagsfestigkeit. Die Naturwissenschaften 16 (1928) 23, S. 460–462.
[111] Kant, H.: Genialer Kritiker und beliebter Diskussionspartner – Paul Ehrenfest und die Physik des 20. Jahrhunderts. Physik in der Schule 18 (1980) 3, S. 81–88.
[112] Kant, H.: Abram Fedorovič Ioffe und die Entwicklung der sowjetischen Halbleiterphysik. Sektion WTO der Humboldt-Universität zu Berlin (Manuskriptdruck). Wissenschaftswissenschaftliche Beiträge H. 34, Berlin 1984, S. 138–145.
[113] Kant, H.: Walter Friedrich – Wissenschaftler und Friedenskämpfer. ITW der AdW der DDR (Manuskriptdruck), Kolloquien H. 35, Berlin 1984, S. 97–118.
[114] Kant, H.: Abram Ioffe als Organisator der sowjetischen Physik. Wiss. Z. Friedrich-Schiller-Univ. Jena N-R 37 (1988) 2, S. 249–257.
[115] Klein, M. J.: Not by discoveries alone: The Centennial of Paul Ehrenfest. Physica 106 A (1981) S. 3–14.
[116] Komkov, G. D.; Levšin, B. V. Semenov, L. K.: Geschichte der Akademie der Wissenschaften der UdSSR. Berlin 1981.
[117] Lenin, W. I.: Eine Dreyfusiade. In: Werke Bd. 25, Berlin 1960, S. 163/164.
[118] Lenin, W. I.: Über die Bedeutung des streitbaren Materialismus. In: Werke Bd. 33, Berlin 1963.
[119] Mehra, J.: The Solvay Conferences on Physics. Dordrecht/Boston 1975.
[120] Mielke, H.: „... die Wissenschaft marxistisch zu verstehen“ – Zur

weltanschaulichen Haltung A. F. Joffes. Wissenschaft und Fortschritt 27 (1977) 11, S. 501–505.
[121] Plesch, J.: János – Ein Arzt erzählt sein Leben. München/Leipzig/Freiburg i. Br. 1949.
[122] Rompe, R.: Nachruf auf Abram Joffé. Jahrbuch der Deutschen Akademie der Wissenschaften zu Berlin 1963. Berlin 1964, S. 201.
[123] Röseberg, U.: Quantenmechanik und Philosophie. Berlin 1978.
[124] Steiner, H.: Soziale und kognitive Bedingungen wissenschaftlicher Schulen in Geschichte und Gegenwart. In: Wissenschaftliche Schulen Bd. 1, hrsg. v. S. R. Mikulinskij, M. G. Jaroševskij, G. Kröber, H. Steiner. Reihe: Wissenschaft und Gesellschaft Bd. 11–1, Berlin 1977, S. 82–156.
[125] Thiessen, K.: Die „alma mater der sowjetischen Physik". Wissenschaft und Fortschritt 27 (1977) 10, S. 439–441.
[126] Vucinich, A.: Soviet Physics and Philosophers in the 1930s: Dynamics of a Conflict. ISIS 71 (1980) S. 236–250.
[127] Die Naturwissenschaften in der Sowjetunion, Vorträge ihrer Vertreter während der „Russischen Naturforscherwoche" in Berlin 1927. Hrsg. von Oskar Vogt. Berlin 1929.
[128] Die sowjetische Intelligenz. Kurzer Abriß der Geschichte 1917–1980. Moskau 1982.
[129] Die Wissenschaft in den deutsch-sowjetischen Beziehungen 1917–1941. Autorenkollektiv (dt. Fassung J. Petersdorf/J. Richter/B. Lange). Buchmanuskript 1987 (ITW der AdW der DDR).
[130] Physiker über Physiker. Bd. I. Wahlvorschläge ... Hrsg. v. Ch. Kirsten und H.-G. Körber. Berlin 1975.
[131] Sowjetmacht und Wissenschaft. Hrsg. v. G. Kröber und B. Lange, Berlin 1975.
[132] Archiv der Ludwigs-Maximilians-Universität München (Xerokopien freundlicherweise bereitgestellt von Frau Prof. L. Boehm):
1. Verzeichnis der von Ioffe belegten Vorlesungen aus der Quästur, WS 1903/04–SS 1906,
2. Promotionsunterlagen Ioffe, Sign. OC-I-31p,
3. Akten des Akademischen Senats, Sig. Sen. 289.
[133] Briefe von A. F. Ioffe an seine Frau V. A. Ioffe (1913–1930). Handschriftenabteilung der Staatlichen Öffentlichen Saltykov-Ščedrin-Bibliothek Leningrad. Fond 1000, Liste 2, № 545.
[134] Briefe von A. F. Ioffe an J. Plesch (1931–1957). Handschriftenabteilung der Staatsbibliothek Preußischer Kulturbesitz Berlin (West). Nachlaß Plesch (NL 144).
[135] Brief von A. F. Ioffe an A. Sommerfeld. Deutsches Museum München. Nachlaß Sommerfeld (Xerokopie freundlicherweise bereitgestellt von Dr. E. H. Berninger; siehe auch [47, S. 198–199]).
[136] Peierls, R.: Bird of Passage – Recollections of a Physicist. Princeton/N.J. 1985.

Personenregister

Bei Nobelpreisträgern (NP) wurden hinter den Lebensdaten das Verleihungsjahr sowie die Art des Preises vermerkt (P–Physik, C–Chemie, L–Literatur).

Aleksandrov, Anatolij Petrovič (geb. 1903) 55, 75, 91, 111
Alichanov, Abram Isaakovič (1904–1970) 75, 77, 79, 94, 111
Altman, Natan Isaevič (geb. 1889) 117
Angerer, Ernest (1881–1951) 18
Arcimovič, Lev Andreevič (1909–1973) 75, 79, 94, 111
Arkel, Anton Eduard van (geb. 1893) 65
Arsen'eva-Gejl', Agnessa Nikolaevna (geb. 1901) 33, 64, 98
Aston, Francis William (1877–1945; NP 1922 C) 59
Aubel, E. van 49

Baeyer, Adolf von (1835–1917; NP 1905 C) 17
Bardeen, John (geb. 1908; NP 1956 + 1972 P) 102, 121
Bauer, Edmund G. (1880–1963) 49, 59
Baumgart, Karl Karlovič (1880–1963) 27
Beck, Guido 79
Belopol'skij, Aristarch Apollonovič (1854–1934) 37
Bialobzeski, Czeslaw (1878–1953) 65
Blackett, Patrick Maynard Stuart (1897–1974; NP 1948 P) 119
Bloch, Felix (1905–1983; NP 1952 P) 96
Blochincev, Dmitrij Ivanovič (1908–1979) 101
Bobr, I. K. 33, 34
Bohr, Niels (1885–1962; NP 1922 P) 48, 56, 59, 78, 79, 80, 85, 86
Bojko, Aleksej Nikitič (1885–?) 53
Boltzmann, Ludwig (1844–1906) 13, 26
Borgman, Ivan Ivanovič (1849–1914) 11, 25
Born, Max (1882–1970; NP 1954 P) 56, 59, 60, 65, 77
Bothe, Walther (1891–1957; NP 1954 P) 80
Botticelli, Sandro (um 1445–1510) 46
Bragg, William Henry (1862–1942; NP 1915 P) 45, 49
Bragg, William Lawrence (1890–1971; NP 1915 P) 45
Brattain, Walter Houser (geb. 1902; NP 1956 P) 102
Braun, Carl Ferdinand (1850–1918; NP 1909 P) 97
Bridgeman, Perce Williams (1882–1961; NP 1946 P) 49
Brillouin, Leon (1889–1969) 49, 65
Brillouin, Marcel (1854–1948) 49
Broniewski, W. 49
Bronštejn, Matvej Petrovič (1906–1938) 79, 85
Bursian, Viktor Robertovič (1886–1945) 28, 40, 51, 53, 77
Busch, Adolf (1891–1952) 45

Cechnovicer, Evgenij Veniaminovič (geb. 1898) 53
Čechov, Anton Pavlovič (1860–1904) 117
Černyšev, Aleksandr Alekseevič (1882–1940) 53, 59, 76
Chadwick, James (1891–1974; NP 1935 P) 78, 80

Chalfin, Ėrnest Pavlovič (1905–1942) 56
Chariton, Julij Borisovič (geb. 1904) 53, 75, 79, 111
Chlopin, Vitalij Grigor'evič (1890–1950) 28, 80, 94
Chruščov, Nikita Sergeevič (1894–1971) 121
Chvol'son, Orest Danilovič (1852–1934) 11, 25, 40
Cockcroft, John Douglas (1897–1967) 80
Cohen, Ernst (1869–?) 59
Čulanovskij, Vladimir Michajlovič (1889–1969) 28
Curie (geb. Skłodowska), Marie (1867–1934; NP 1903 P + 1911 C) 49, 60, 64, 80
Curie, Pierre (1859–1906; NP 1903 P) 15

Danilov, Vitalij Ivanovič (1902–1954) 73, 74
Davydov, Boris Iosifovič (1908–?) 101
Debye, Peter Joseph Wilhelm (1884–1966; NP 1936 C) 19, 49, 59, 62, 65, 80
Dirac, Paul Adrien Maurice (1902–1984; NP 1933 P) 65, 79, 80, 85
Dobronravov, Nikolaj Ivanovič (1891–1949) 33, 34, 50, 53, 98
Donder, Theodor de 49
Dorfman, Jakov Grigor'evič (1898–1974) 32, 33, 34, 53, 60, 73, 75, 78
Doyle, Arthur Conan (1859–1930) 63
Dreyfus, Alfred (1859–1935) 10
Drude, Paul (1863–1906) 15

Ebert, Friedrich (1894–1979) 114
Egorov, Nikolaj Grigor'evič (1849–1919) 12, 29
Ehrenfest, Paul (Pavel) Sigismundovič (1880–1933) 6, 25–29, 31, 33, 44–49, 58–65, 73, 74, 97, 116, 117, 122
Ehrenfest (geb. Afanas'eva), Tatjana Alekseeva (1876–1964) 27
Einstein, Albert (1879–1955; NP 1921 P) 24, 31, 47, 50, 59, 60, 62, 66, 80, 84, 87
Ėjchenval'd, Aleksandr Aleksandrovič (1864–1944) 21, 47

Fajans, Kasimir (1887–1975) 48, 59
Fedorovskij, Nikolaj Michailovič (1886–1956) 47
Fedoseev, Petr Nikolaevič (geb. 1908) 87
Fermi, Enrico (1901–1954; NP 1938 P) 80
Finkel'stejn, Boris Nikolaevič (1901–1964) 74, 77
Flerov, Georgij Nikolaevič (geb. 1913) 75, 79, 93, 94
Föhringer, Anna (1871–?) 27
Fok, Vladimir Aleksandrovič (1898–1974) 53, 56, 58, 75, 77, 84, 86
Frank, Il'ja Michajlovič (geb. 1908; NP 1958 P) 79
Frank, Philipp (1884–1966) 65
Frenkel', Jakov Il'ič (1894–1952) 32, 33, 34, 53, 56, 58, 66, 75, 79, 84, 85, 86, 97, 98, 101, 111, 116
Fridman, Aleksandr Aleksandrovič (1888–1925) 28, 40, 50
Friedrich, Walter (1883–1968) 26, 41
Friš, Sergej Ėduardovič (1899–1977) 79

Gainsborough, Thomas (1727–1788) 46
Gamov, George (Georgij Antonovič) (1904–1968) 78, 79, 80
Georgievskij, Nikolaj Nikolaevič (1864–1938) 29
Gerlach, Walther (1889–1979) 48

Gesechus, Nikolaj Aleksandrovič (1845–1919) 11, 12, 29
Gessen (dt. auch Hessen), Boris Michailovič (1883–1938) 87
Glagolev, Mitrofan Michailovič (1881–1943) 53
Gochberg (dt. auch Hochberg), Boris Michajlovič (geb. 1907) 53, 62, 98
Golicyn, Boris Borisovič (1862–1916) 21
Gorskij, Vadim Sergeevič (1903–1938) 56
Graetz, Leo (1856–1941) 13, 16
Gray, L.H. 79
Grinberg, Georgij Ambramovič (geb. 1900) 53, 77
Grondahl, Lars Olai (1880–?) 97
Groth, Paul von (1843–1927) 16, 17
Gudden, Bernhard Friedrich Adolf (1892–1945) 97
Guillaume, Charles Edouard (1861–1938; NP 1920 P) 59

Haas, Wander Johannes de (1878–1960) 64
Haber, Fritz (1868–1934; NP 1916 C) 62
Hahn, Otto (1879–1968; NP 1944 C) 79
Hall, Edwin Herbert (1855–1938) 49
Heisenberg, Werner (1901–1976; NP 1932 P) 77, 79, 80, 85, 86, 87, 96
Henriot, E. 49
Hermann, Ludimar (1838–1914) 12
Hertwig, Richard (1850–1937) 17
Hevesy, George de (1885–1966; NP 1943 C) 49
Hitler, Adolf (1889–1945) 118

Ioffe (geb. Ečeistova), Anna Vasil'evna (geb. 1903) 6, 63, 65, 66, 99, 101, 104, 106, 115, 116, 119, 122
Ioffe, Fedor Vasil'evič (1852–1898) 8
Ioffe, Lidija Fedorovna 9
Ioffe, Nadežda Fedorovna 9
Ioffe, Petr Fedorovič (geb. 1892) 9
Ioffe (geb. Vejnštejn), Rahel Abramovna 8
Ioffe, Valentina Abramovna (1910–1985) 24
Ioffe (geb. Kravcova), Vera Andreevna (1881–1948) 6, 24, 122
Ioffe, Zinaida Fedorovna 9
Ivanenko, Dmitrij Dmitrievič (geb. 1904) 66, 78, 79
Ivanov, Sergej Andreevič 25

Joliot-Curie, Frédéric (1900–1958; NP 1935 C) 79, 80
Joliot-Curie, Irène (1897–1956; NP 1935 C) 80
Jordan, Pascual (1902–1980) 56
Juščenko, Artemij Pavlovič (1895–1968) 33, 34

Kalinin, Michail Ivanovič (1875–1946) 67
Kamerlingh-Onnes, Heike (1853–1926; NP 1913 P) 49, 60
Kapica, Petr Leonidovič (1894–1984; NP 1978 P) 32, 33, 34, 44, 53, 64, 75, 78, 89, 93, 94, 109, 110, 111
Karpinskij, Aleksandr Petrovič (1846–1936) 37, 78
Kasso, Lev Aristidovič (1865–1914) 19
Kaverin, Veniamin Aleksandrovič (geb. 1902) 117
Keesom, Willem Hendrik (1876–1956) 49
Kikoin, Isaak Konstantinovič (1908–1984) 64, 71, 73, 75, 101
Kirpičev, Michail Viktorovič (1879–1955) 53
Klassen, Viktor Ėmilievič (1877–1944) 115

Klassen-Nekljudova, Marina Viktorovna (geb. 1905) 33
Knipping, Paul (1883–1935) 26
Knudsen, Martin 49
Kobeko, Pavel Pavlovič (1897–1954) 90
Kobzarev, Jurij Borisovič (geb. 1905) 91
Koch, Peter Paul (1879–1945) 18
Kolovrat-Červinskij, Lev Stanislavovič (1884–1921) 42
Komar, Anton Pantelejmonovič (geb. 1904) 103
Komarov, Vladimir Leont'evič (1869–1945) 81, 94
Kondrat'ev, Viktor Nikolaevič (1902–1979) 53, 56, 64, 75
Konstantinov, Aleksandr Pavlovič (1895–1945) 53, 111
Korn, Arthur (1870–1945) 16
Kravec, Toričan Pavlovič (1876–1955) 28
Krönig, Bernhard (1863–1917) 41
Krutkov, Jurij Aleksandrovič (1890–1952) 28
Krylov, Aleksej Nikolaevič (1863–1945) 21, 22, 30, 37, 40, 44, 49, 50
Kujbyšev, Valerian Vladimirovič (1888–1935) 72
Kurčatov, Igor Vasil'evič (1903–1960) 56, 62, 75, 77, 78, 79, 80, 91, 92, 93, 94, 101, 103, 110, 111
Kurdjumov, Georgij Vjačeslavovič (geb. 1902) 73, 111

Laborde, Albert 15
Ladenburg, Erich (1878–1908) 24
Ladenburg, Rudolph Walter (1882–1952) 18, 65
Landau, Lev Davydovič (1908–1968; NP 1962 P) 59, 66, 73, 75, 109, 111
Langevin, Paul (1872–1946) 49, 59, 60, 116
Laškarev, Vadim Evgen'evič (1903–1974) 111
Laue, Max von (1879–1960; NP 1914 P) 26, 45, 55, 59, 62
Lawrence, Ernest Orlando (1901–1958; NP 1939 P) 80
Lazarev, Petr Petrovič (1878–1942) 21, 31, 37, 41, 59, 113
Lebedev, Petr Nikolaevič (1866–1912) 21, 31
Lejpunskij, Aleksandr Il'ič (1903–1972) 79, 111
Lenard, Philipp (1862–1947; NP 1905 P) 24, 46, 86
Lenin, Vladimir Il'ič (1870–1924) 10, 21, 36, 37, 38, 54, 78, 84, 85, 87, 88, 117, 123
Leonov, Leonid Maksimovič (geb. 1899) 117
Lesgaft (dt. auch Leshaft), Petr Francevič (1837–1909) 12, 24
Levickaja, Maria Afanas'evna (1883–1963) 33, 55
Levinson-Lessing, Franc Jul'evič (1861–1939) 34
Lewis, Gilbert Newton (1875–1946) 56, 65
Lindemann, Frederick Alexander (Lord Cherwell) (1886–1957) 49
Lommel, Eugen Cornelius Joseph (1837–1899) 13
Lorentz, Hendrik Antoon (1853–1928; NP 1902 P) 27, 44, 49
Ludwig I. (1786–1868) 13
Lukirskij, Petr Ivanovič (1894–1954) 32, 33, 34, 53, 85, 111
Lunačarskij, Anatolij Vasil'evič (1875–1933) 37, 38
Lysenko, Trofim Denisovič (1898–1976) 81

Magnus, Gustav Heinrich (1802–1870) 114
Maksimov, Nikolaj Aleksandrovič (1880–1952) 83, 84, 86, 87

Mandel'štam, Leonid Isaakovič (1879–1944) 59, 113
Markov, Andrej Andreevič (1865–1922) 21
Maršak, Samuil Jakovlevič (1887–1964) 117
Marx, Karl (1818–1883) 20
Maslakovec, Jurij Petrovič (1899–1967) 106
Meitner, Lise (1878–1968) 60, 62, 79, 80
Mendeleev, Dmitrij Ivanovič (1834–1907) 9, 11, 21, 29, 31
Meščerskij, Ivan Vsevolodovič (1859–1935) 22, 23
Michelson, Albert Abraham (1852–1931; NP 1907 P) 59
Mileev, V. 9
Millikan, Robert Andrews (1868–1953; NP 1923 P) 24, 59
Milovidova-Kirpičeva, Militta Vladimirivna (1887–1923) 33, 34, 55
Mises, Richard von (1883–1953) 65
Mitkevič, Vladimir Fedorovič (1872–1951) 28, 40
Mott, Nevill Francis (geb. 1905; NP 1977 P) 101
Mysovskij, Lev Vladimirovič (1888–1939) 79

Nasledov, Dmitrij Nikolaevič (1903–1975) 76, 98
Nemenov, Leonid Michajlovič (1905–1980) 94
Nemenov, Michail Isaevič (1880–1950) 41, 42, 43, 44
Nernst, Walther (1864–1941; NP 1920 C) 45, 60, 61, 62, 66
Nesturch, Kirill Fedorovič (1893–1942) 33, 34, 53
Newton, Isaac (1643–1727) 87
Nikolaus I. (1796–1855) 10, 122
Nordheim, Lothar Wolfgang (geb. 1899) 98
Noskov, Michail Michajlovič (geb. 1909) 101

Obreimov, Ivan Vasil'evič (1894–1982) 53, 54, 59, 73, 76, 111
Ol'denburg, Sergej Fedorovič (1863–1934) 35, 61
Orbeli, Leon Abgarovič (1882–1958) 92

Paschen, Friedrich (1865–1947) 49
Pauli, Wolfgang (1900–1958; NP 1945 P) 80
Peierls, Rudolph Ernst (geb. 1907) 112
Pekar, Solomon Isaakovič (geb. 1917) 101
Peltier, Jean Charles Athanase (1785–1845) 106
Perrain, Francis (geb. 1901) 79
Peter I. (der Große) (1672–1725) 22, 37
Petruševskij, Fedor Fomič (1828–1904) 21, 30
Petržak, Konstantin Antonovič (geb. 1910) 79
Piccard, Auguste (1884–1962) 49
Pisarenko, Nikolaj L'vovič (1905–1942) 106
Planck, Max (1858–1947; NP 1918 P) 24, 45, 60, 62, 66, 86, 89, 114
Plechanov, Georgij Valentinovič (1856–1918) 20
Plesch, János (1878–1957) 6, 62, 63, 71, 81, 85, 89, 91, 92, 99, 101, 104, 117, 119
Pogorelko, Pavel Aleksandrovič (1904–1978) 91
Pohl, Robert Wichard (1884–1976) 60, 65, 96
Popov, Aleksandr Stepanovič (1859–1906) 21, 30
Predvoditelev, Aleksandr Savvič (1891–1973) 86, 87
Pringsheim, Alfred (1850–1941) 16, 17
Pringsheim, Peter (1881–1964) 18, 60, 62, 65

Prokudin-Gorskij, Sergej Michajlovič 31

Rasetti, Franco Dino (geb. 1901) 79
Regel', Anatolij Robertovič (geb. 1915) 107, 110
Reynolds, Joshua (1723–1792) 46
Richardson, Owen Williams (1879–1959; NP 1928 P) 45, 49, 65
Richman, Georg Wilhelm (1711–1753) 29
Rompe, Robert (geb. 1905) 5
Röntgen, Wilhelm Conrad (1845–1923; NP 1901 P) 12–20, 25, 26, 35, 41, 45, 47, 48, 55, 122
Rožanskij, Dmitrij Apollinarievič (1882–1936) 53
Roždestvenskij, Dmitrij Sergeevič (1876–1940) 28, 30, 42, 44, 49, 81, 82
Rust, Bernhard (1883–1945) 89
Rutherford, Ernest (1871–1937; NP 1908 C) 15, 45, 49, 55, 64, 80
Rykačev, Michail Aleksandrovič (1840–1919) 37

Šal'nikov, Aleksandr Iosifovič (geb. 1905) 53, 56, 75
Šapiro, L.G. (1887–1957) 38
Scheel, Karl (1866–1936) 65
Schottky, Walter (1886–1976) 97, 101
Schrödinger, Erwin (1887–1961; NP 1933 P) 49, 77, 80, 85, 86, 87
Seebeck, Thomas Johann (1770–1831) 106
Seljakov, Nikolaj Jakovlevič (geb. 1889) 53
Semaško, Nikolaj Aleksandrovič (1874–1949) 61
Semenov, Nikolaj Nikolaevič (1896–1986; NP 1956 C) 32, 33, 34, 48, 51, 53, 56, 59, 72, 73, 74, 75, 93, 111, 116
Serkin, Rudolf (geb. 1903) 48
Shockley, William (geb. 1910; NP 1956 P) 102
Sinel'nikov, Kirill Dmitrievič (1901–1967) 56, 64, 73, 75, 111
Skobel'cyn, Dmitrij Vladimirovič (geb. 1892) 53, 64, 75, 77, 78, 79
Skobel'cyn, Vladimir Vladimirovič (1863–1947) 23, 24, 32, 40, 42
Šmidt-Černyševa, Jadviga Ričardova (1889–1940) 33, 34, 53
Soddy, Frederick (1877–1956; NP 1921 C) 59
Šolochov, Michail Aleksandrovič (1905–1984; NP 1965 L) 117
Solvay, Ernst Gaston (1838–1922) 49
Sommerfeld, Arnold (1868–1951) 14, 18, 19, 26, 48, 76, 96
Špol'skij, Èduard Vladimirovič (1892–1975) 21
Stalin, Jossif Vissarionovič (1879–1953) 67, 84, 87, 91
Stark, Johannes (1874–1957; NP 1919 P) 86
Steklov, Vladimir Andreevič (1863–1926) 37, 59
Stern, Otto (1888–1969; NP 1943 P) 48
Stil'bans, Lasar' Solomonovič (geb. 1917) 106, 110
Stolypin, Petr Arkadevič (1862–1911) 19
Šubnikov, Lev Vasil'evič (1901–1945) 54, 64

Tamm, Igor' Evgen'evič (1895–1971; NP 1958 P) 59, 84, 86
Tartakovskij, Petr Savvič (1895–1940) 56
Termen, Lev Sergeevič (geb. 1896) 53

Thomson, Joseph John
(1856–1940; NP 1906 P) 45
Tichonov, Nikolaj Semenovič
(1896–1979) 117
Timirjazev, Arkadij Kliment'evič
(1880–1955) 87
Trapeznikova, Ol'ga Nikolaevna
(geb. 1901) 33
Tučkevič, Vladimir Maks
(geb. 1904) 75, 91
Turgenev, Ivan Sergeev
(1818–1883) 117
Turner, William (17 46
Tyndall, John (1820

Umov, Nikolaj Alek
(1846–1915) 31

Val'ter, Aleksandr Fili ič
(1898–1941) 53, 5
Val'ter, Anton Karlov
(1905–1965) 53, 1
Vavilov, Sergej Ivanov
(1891–1951) 80, 8 03, 113
Vernadskij, Vladimir I ovič
(1863–1945) 21, 34 2, 79, 80,
94, 114
Verschaffelt, Jules Emil
(1870–1955) 49
Vorošilov, Kliment Efrem
(1881–1969) 91
Voss, Aurel Edmund
(1845–1931) 16
Vul, Bencion Moiseevič
(geb. 1903) 75, 82, 94,
ul'f, Jurij Viktorovič
3–1925) 21, 40

Ernst (1876–192
18, 48, 63, 116
Wallace, gar (1875–193
Weisskopf, ictor Freder
(geb. 1908) 79
Wheeler, Joh Archibald
(geb. 1911) 79
Wien, Wilhel (1864–192
1911 P) 18, 48
Wilson, Alan rriet
(geb. 1906) 8

Zel'dovič, Jako orisovič
(1914–1987) 75, 79
Žukovskij, Nikolaj Egorov
(1847–1921) 21
Žurkov, Serafi ikolaevi
(geb. 1905) 5
Žuze, Vladimi telejm
(geb. 1904) 1 1

GPSR Compliance

The European Union's (EU) General Product Safety Regulation (GPSR) is a set of rules that requires consumer products to be safe and our obligations to ensure this.

If you have any concerns about our products, you can contact us on ProductSafety@springernature.com

In case Publisher is established outside the EU, the EU authorized representative is:

Springer Nature Customer Service Center GmbH
Europaplatz 3
69115 Heidelberg, Germany

Batch number: 10577915

Printed by Printforce, the Netherlands